"十四五"职业教育山东省规划教材

机械装调技术

主　编　孙潘罡　薛　峰　宋美谕
副主编　杨　凌　穆乃锋

北京理工大学出版社
BEIJING INSTITUTE OF TECHNOLOGY PRESS

内 容 简 介

本教材是以全国职业院校技能大赛装配钳工赛项 THMDZT-1 设备为范例的活页式实训教材,编写中结合学校的教学和企业岗位标准,针对装配钳工中级职业技能等级标准,结合精密检测三坐标测量机企业实际应用适当增加高级内容,以满足企业岗位需要,在内容选取、实施步骤、知识扩展等方面都力求做到岗课赛证融合。

绪论是机械装调概述;模块一是机械装调基础知识,介绍了机械装配用工量具,认识 THMDZT-1 型机械装调实训平台;模块二是变速箱的装配与调整,以直齿圆柱齿轮的测量与装配、滚动轴承的调整与装配、变速箱运动精度的检测与调整进行了讲解;模块三是二维工作台的装配与调整,介绍了直线导轨的装配与调整、滚珠丝杠副的装配与调整、二维工作台运动精度的检测与调整;模块四是间歇回转工作台的装配与调整,主要包括蜗轮蜗杆机构、槽轮机构的装配与调整,间歇回转工作台运动精度的检测与调整。模块五整机调试与运行,主要包括齿轮啮合齿侧间隙、同步带轮传动机构、链传动机构的检测与调整,以及整机运行检测;模块六是认识三坐标测量机。

本书表述简练,内容通俗易懂,配有操作实例及示图,使学生能够快速地掌握装调技巧。本书可以配合机械基础、钳工工艺学习,和机械加工技术、装配钳工有很好的互补作用,对后续数控机床维修等课程都有很好的铺垫作用,既可以作为各中专院校机械专业大类教材使用,也可作大赛培训配套教材,还可供精密检测设备企业岗位培训使用。

版权专有　侵权必究

图书在版编目(CIP)数据

机械装调技术／孙潘罡,薛峰,宋美谕主编. --北京：北京理工大学出版社,2021.10
　ISBN 978-7-5763-0497-8

Ⅰ.①机… Ⅱ.①孙… ②薛… ③宋… Ⅲ.①机械设备-装配(机械)-教材②机械设备-调试-教材 Ⅳ.①TH17

中国版本图书馆 CIP 数据核字(2021)第 208417 号

出版发行／北京理工大学出版社有限责任公司
社　　址／北京市海淀区中关村南大街5号
邮　　编／100081
电　　话／(010)68914775(总编室)
　　　　　(010)82562903(教材售后服务热线)
　　　　　(010)68944723(其他图书服务热线)
网　　址／http：//www.bitpress.com.cn
经　　销／全国各地新华书店
印　　刷／定州市新华印刷有限公司
开　　本／787 毫米×1092 毫米　1/16
印　　张／8.25　　　　　　　　　　　　　　　　　　责任编辑／陆世立
字　　数／164 千字　　　　　　　　　　　　　　　　文案编辑／陆世立
版　　次／2021 年 10 月第 1 版　2021 年 10 月第 1 次印刷　责任校对／周瑞红
定　　价／31.00 元　　　　　　　　　　　　　　　　责任印制／边心超

图书出现印装质量问题,请拨打售后服务热线,本社负责调换

前言

《中国制造2025》战略纲领指出,制造业是国民经济的主体,是立国之本、兴国之器、强国之基。自18世纪中叶进入工业文明以来,世界强国的兴衰史和中华民族的奋斗史一再证明,没有强大的制造业,就没有国家和民族的强盛。打造具有国际竞争力的制造业,是我国提升综合国力、保障国家安全、建设世界强国的必由之路。机械制造是制造业的核心,机械装配在机械制造中有着举足轻重的地位,是机械制造中最后决定机械产品质量的重要工艺过程。即使是全部合格的零件,如果装配不当,往往也不能形成质量合格的产品。

本书是为贯彻国务院印发的《国家职业教育改革实施方案》(职教20条)关于启动"1+X"证书制度试点工作的文件精神,进一步发挥好学历证书作用,夯实学生可持续发展基础,使学生在获得学历证书的同时,积极取得多类职业技能等级证书,拓展就业创业本领。

本书以全国职业院校技能大赛机械装调赛项为引领,通过THMDZT-1型机械装调实训平台零部件装调实际操作步骤,在项目构思上采用由浅入深、重点突出、图文并茂的方式,全面介绍了齿轮传动、带传动、蜗轮蜗杆传动等机械传动方式工作原理、装调技巧,对轴承装配调整、二维工作台装配调整、蜗轮蜗杆间隙调整等做了深入浅出的讲解。书中的实例全部来自全国职业院校技能大赛操作平台,编写中结合职业学校的教学和企业岗位标准,在内容选取、实施步骤、知识扩展等方面都力求做到岗课赛证融合。

本书可以配合机械基础、钳工工艺学进行学习,与机械加工技术、装配钳工有很好的互补作用,对后续数控机床维修等课程都有很好的铺垫作用。本书是技能操作课程,配合THMDZT-1型机械装调实训平台,由职业院校机械专业教师和企业工程师参与联合编写,力求内容的科学性和实用性,既可以作为各职业院校机械专业大类教材使用,也可作为技能大赛培训配套教材,还可供精密检测设备企业装配钳工岗位培训使用。

本书共6个模块15个任务,任课教师可根据具体情况安排教学顺序与教学学时。建议教学学时参见下表。

模块名称	任务名称	建议学时	模块名称	任务名称	建议学时
绪论　机械装调概述		2	模块四 间歇回转工作台的装配与调整	任务一　蜗轮蜗杆机构的装配与调整	4
模块一 机械装调基础知识	任务一　使用机械装调工量具	6		任务二　槽轮机构的装配与调整	4
	任务二　认识 THMDZT-1 型机械装调实训平台	4		任务三　间歇回转工作台精度的检测与调整	8
模块二 变速箱的装配与调整	任务一　装配直齿圆柱齿轮	4	模块五 整机调试与运行	任务一　齿轮啮合齿侧间隙的检测与调整	4
	任务二　滚动轴承的装配与调整	4		任务二　同步带传动机构的检测与调整	4
	任务三　变速箱精度的检测与调整	8		任务三　链传动机构的检测与调整	4
模块三 二维工作台的装配与调整	任务一　直线导轨的装配与调整	6		任务四　整机运行检测	8
	任务二　滚珠丝杠副的装配与调整	6	模块六　认识三坐标测量机		4
	任务三　二维工作台精度的检测与调整	10			
总计					90

　　本书由青岛工贸职业学校的钳工高级技师孙潘罡和章丘中等职业学校的薛峰、青岛西海岸新区职业中等专业学校国赛金牌教练宋美谕共同主编,青岛工贸职业学校杨凌和海克斯康测量技术(青岛)有限公司高级工程师、培训专家穆乃锋任副主编。参与教材编写的还有青岛工贸职业学校山东省装配钳工技艺技能传承创新平台成员赵娇娜、赵秋菊、王玲等老师,参加编写的老师均具有丰富的职业技能大赛指导经验和多年的企业实践经历,指导的学生多次获全国职业院校技能大赛和山东省职业院校技能大赛一等奖。特别感谢海克斯康测量技术(青岛)有限公司提供的大量企业专业素材。

　　由于编者水平有限,书中错误和缺点在所难免,恳请广大读者批评指正。

目录

绪论　机械装调概述 …………………………………………………………… 1

模块一　机械装调基础知识 …………………………………………………… 9
任务一　使用机械装调工量具 ………………………………………………… 9
任务二　认识 THMDZT-1 型机械装调实训平台 …………………………… 19

模块二　变速箱的装配与调整 ………………………………………………… 23
任务一　装配直齿圆柱齿轮 …………………………………………………… 23
任务二　滚动轴承的装配与调整 ……………………………………………… 31
任务三　变速箱精度的检测与调整 …………………………………………… 39

模块三　二维工作台的装配与调整 …………………………………………… 46
任务一　直线导轨的装配与调整 ……………………………………………… 46
任务二　滚珠丝杠副的装配与调整 …………………………………………… 56
任务三　二维工作台精度的检测与调整 ……………………………………… 65

模块四　间歇回转工作台的装配与调整 ……………………………………… 70
任务一　蜗轮蜗杆机构的装配与调整 ………………………………………… 70
任务二　槽轮机构的装配与调整 ……………………………………………… 74
任务三　间歇回转工作台精度的检测与调整 ………………………………… 79

模块五　整机调试与运行 ……………………………………………………… 83
任务一　齿轮啮合齿侧间隙的检测与调整 …………………………………… 83
任务二　同步带传动机构的检测与调整 ……………………………………… 89

任务三　链传动机构的检测与调整 …………………………………………… 97
任务四　整机运行检测 …………………………………………………………… 101

模块六　认识三坐标测量机 …………………………………………………… 106

参考文献 …………………………………………………………………………… 113

附图 ……………………………………………………………………………… 115

绪 论
机械装调概述

在生产过程中，按照规定的技术要求，将若干零件结合成组件或若干个零件和部件结合成机器的过程称为装配（assembly），前者称为部件装配，后者称为总装配。装配生产线如图0-1所示。机械产品都是由许多零件和部件装配而成的。零件是机器制造的最小单元，如一根轴、一个螺钉等。部件是两个或两个以上零件结合成为机器的一部分，如车床的主轴箱、进给箱等。装配通常是产品生产过程中的最后一个阶段，处于机械制造生产链的末端，其目的是根据产品设计要求和标准，使产品达到其使用说明书的规格和性能要求。它是对机器设计和零件加工质量的一次总检验，能够发现设计和加工中存在的问题，从而不断地加以改进。因此机器的质量不仅取决于设计质量和零件的加工质量，还与机器的装配工艺过程有关。装配不良的机器，其性能将会大为降低，增加功率消耗，使用寿命将大为缩短。现实中的大部分的装配工作都是由手工完成的，高质量的装配需要丰富的经验。

图 0-1 装配生产线

任务目标

【知识目标】
1. 了解机械装调的主要内容。
2. 了解机械装配的方法及装配工艺规程制定的原则。

【素养目标】
1. 具有安全文明生产和遵守操作规程的意识。
2. 具有人际交往和团队协作能力。

 任务描述

查阅相关资料，结合本专业的特点，阐述在本专业领域有哪些机械装配场景和装配方法。

 知识储备

一、机械装配与调试技术的基本内容

机械产品往往由成千上万个零件组成，机械装配与调试就是把加工好的零件按设计的技术要求，以一定的顺序和技术连接成套件、组件、部件，最后组合成为一部完整的机械产品，同时进行一定的测量、检验、调试，从而可靠地实现产品设计的功能。因此，机械装配与调试是机器制造过程中最后一个环节，是机械制造中决定机械产品质量的关键环节。为保证有效地进行装配工作，通常将机器划分为若干个能进行独立装配的装配单元。其中零件是制造的单元，是组成机器的最小单元；套件是在一个基准零件上，装上一个或若干个零件构成的，是最小的装配单元；组件是在一个基准零件上，装上若干套件及零件而构成的；部件是在一个基准零件上，装上若干组件、套件和零件而构成的，在机器中能完成一定的、完整的功能；总装是在一个基准零件上，装上若干部件、组件、套件和零件，最后成为整个产品。产品装配完成后需要进行各种检验和试验，以保证其装配质量和使用性能；有些重要的部件装配完成后还要进行测试。因此，即使是全部合格的零件，如果装配不当，往往也不能形成质量合格的产品。所以机械装配和调试的质量，最终决定了机械产品的质量。

二、机械装配的基础知识

1. 装配过程

装配过程是一种工艺过程，通过装配能使零件、套件、组件和部件获得一定的相互位置关系。装配过程一般可分为组件装配、部件装配和总装配。

1）组件装配

将两个以上的零件连接组成为组件的过程。

2）部件装配

将组件和零件连接组成为独立机构（部件）的过程。

3）总装配

将零件、组件和部件连接组合成为整台机器的过程。

2. 装配方法

装配方法是指达到零件或部件最终配合精度的方法。为了保证机器的工作性能，在装配时，必须保证零件之间、部件之间要达到规定的配合要求。根据产品的结构和生产的条件及生产批量的大小，所采用的装配方法也不同。装配方法分为完全互换法、选配法、修配法和调整法。

1）完全互换法

完全互换法指在同类零件中任取一件，就可以装配成符合要求的机器或产品的装配方法。装配精度是由零件的精度来保证的。完全互换法具有装配操作简单、生产率高、便于组织流水作业、零件更换方便等特点。

2）选配法

选配法也称为分组装配法，是将尺寸相当的零件进行装配，来保证配合精度的装配方法。在装配前，注意要把零件按尺寸分组，然后将相应的各组零件进行装配。例如活塞销与活塞销座孔的装配。选配法具有经过分组后零件的配合精度高；增加了对零件的测量分组工作，并需要对零件进行分类储存管理等特点。

3）修配法

修配法指在装配过程中，用修去某配合件上预留量的方法来消除误差积累，使配合零件达到规定的装配精度的装配方法。采用修配法零件加工精度要求低但装配精度要求高，适用于单件小批量生产。

4）调整法

调整法是指装配时通过调整一个或几个零件的位置来消除零件之间的误差积累，达到装配的要求的装配方法。具有能获得很高的装配精度、装配速度快、装配时技术含量低、零件可按照经济精度要求加工等特点。

3. 装配工艺规程

装配工艺规程是规定产品零部件装配工艺过程的操作的方法等的工艺文件。执行工艺规程能使生产有条理地进行，能合理使用劳动力和工艺设备、降低成本，提高劳动生产率。

1）装配工艺的内容

（1）产品的全套装配图样；

(2) 零件明细表；

(3) 装配技术要求、验收技术标准和产品说明书；

(4) 现有的生产条件及资料（包括工艺装备、车间面积、操作工人的技术水平等）。

2) 制定装配工艺规程的基本原则

(1) 保证并力求提高产品质量，而且要有一定的精度储备，以延长机器使用寿命；

(2) 合理安排装配工艺，尽量减少钳工装配工作量（钻、刮、锉、研等），以提高装配效率，缩短装配周期；

(3) 所占车间生产面积尽可能小，以提高单位装配面积的生产率。

3) 制定装配工艺规程的步骤

(1) 研究产品的装配图及验收技术标准；

(2) 确定产品或部件的装配方法；

(3) 分解产品为装配单元，规定合理的装配顺序；

(4) 确定装配工序内容、装配规范及工夹具；

(5) 编制装配工艺系统图：装配工艺系统图是在装配单元系统图上加注必要的工艺说明（如焊接、配钻、攻丝、铰孔及检验等），较全面地反映装配单元的划分、装配顺序及方法；

(6) 确定工序的时间定额；

(7) 编制装配工艺卡片。

4. 机械装配工作的内容

产品的装配工作主要包括以下环节和内容。

(1) 零件清洗、清理和检查。对所有参与装配的零件，包括工件和标准件，均要清洗，以去除黏附在零件表面上的灰尘、切屑、油污，并涂少量的防锈油。轴承配偶件、密封件、传动件、轴为重点清洗对象。清洗剂一般采用酒精、汽油、煤油或化学清洗剂。清洗完毕的零件，要进行尺寸检查，以确保参与装配的零件符合设计制造要求。在此基础上，还要对零件数量进行清理，不得有缺失。

(2) 零件的连接。利用相应工具对不同类型零件进行连接组装。

(3) 校正、调整和配做。主要是调节零件或机构的相对位置、配合间隙、结合松紧等，此外还可能需要进行配钻配铰、配磨、配刮等工作。

(4) 平衡。对旋转件进行必要的动、静平衡，抵消和减小不平衡离心力，以最大限度地消除机器运转时的振动和噪声，提高设备精度。

(5) 试验与验收。按装配图技术要求检验，试车验收。

5. 装配顺序

装配工作必须按一定的程序进行，装配程序一般应遵循以下原则：

(1) 先装下部零件，后装上部零件；

(2) 先装内部零件，后装外部零件；

(3) 先装笨重零件，后装轻巧零件；

(4) 先装精度要求较高的零件，后装一般精度的零件。

正确的装配程序是保证装配质量和提高装配工作效率的必要条件。装配时应注意遵守操作要领，即不得强行用力和猛力敲打，必须在了解结构原理和装配顺序的前提下，按正确的位置和选用适当的工具、设备进行装配。

三、机械装调安全和文明生产操作规程

1. 机械装调实习守则

(1) 实习前按规定穿戴好工作服，依次有序地进入实习场地。

(2) 实习前做好充分准备，了解实习的目的、要求、方法与步骤及实习应注意的事项。

(3) 进入实习实训室必须按规定就位，按照实习指导教师的要求进行实习。

(4) 保持实习实训室的安静、整洁，不得吵闹、喧哗，不得随地吐痰及乱扔垃圾，与实习无关的物品不得带入实习实训室。

(5) 实习前首先核对实习用品是否齐全，如有不符，应立即向实习指导教师提出补领或调换。

(6) 爱护实习仪器及设备，严格按照实习规程使用仪器和设备，不得随便乱拆卸。

(7) 实习时按实习指导书的要求，分步骤认真做好各项实习内容，并做好实习记录，填写实习报告书。

(8) 拆下的零部件要摆放有序，搬动大件时务必注意安全，以防砸伤人及机件。

(9) 注意安全，如实习中发现异常，应立即停止实习，及时报请实习指导教师检查处理。

(10) 实习结束后，应清洁场地、设备，整理好工位，清点并擦净工、量具并放回原处，方能离开实习场地。

2. 机械装调操作安全须知

(1) 注意将待拆卸设备切断电源，挂上"有人操作，禁止合闸"的标志。

(2) 设备拆卸时必须遵守安全操作规则，服从指导人员的安排与监督。认真严肃操作，不得串岗操作。

(3) 需要使用带电工具（手电钻、手砂轮等）时，应检查是否有接地或接零线，并应配戴绝缘手套，穿着胶鞋。使用手持式照明灯时，电压应低于36V。

(4) 如需要多人操作，必须有专人指挥，密切配合。

(5) 拆卸中，不准用手试摸滑动面、转动部位或用手试探螺钉孔。

(6) 使用起重设备时，应遵守起重工安全操作规程。

(7) 试车前要检查电源连接是否正确；各部位的手柄、行程开关、撞块等是否灵敏可靠；

传动系统的安全防护装置是否齐全，确认无误后方可开车运转。

（8）试车规则：空车慢速运转后转速逐步提高，运转正常后，再带负荷运转。

任务评价

理论知识主要通过学生作业形式进行个人评价、小组互评和教师评价。实践操作则通过项目任务，根据学生的完成情况进行评价，见表1-1。

表1-1 任务评价记录表

评价项目	评价内容	分值	个人评价	小组互评	教师评价	得分
理论知识	了解机械装调的主要内容	20				
	了解机械装配的方法	30				
	了解机械装配工艺规程制定的原则	30				
学习态度	考勤情况	5				
	遵守学习纪律	5				
	团队合作	10				
	合计	100				
成果分享	收获					
	不足					
	改进措施					

思考与练习

1. 简述机械装调的主要内容。
2. 简述机械装配的方法及装配的原则。
3. 简述装配工艺的内容。

知识拓展

三坐标测量机——中国制造业数字化升级的重要设备

当今世界的制造业正进入一个前所未有的迅速变革时期，云计算、物联网、数字孪生、大数据、人工智能等科技元素越来越多地体现在制造业中，这一切首先起源于产品全制造过程的数据化和信息化，特别是制造过程中工件质量信息的定义、采集和分析的各个环节，经常会用到三坐标测量机应用技术，这些数据用于对生产中的各个环节实现全过程质量管控的过程中，实现了跨工厂、跨区域的全面质量管理。全程数据追溯和质量预警，并实现供应链质量可视化管理。

随着工业向智能制造方向推进，新型制造智能人才的缺口越来越大。这其中就包含从质量维度切入智能制造的技术人才。尤其近年来，中国企业正作为全球领域先行者之一，进行着一场史无前例的变革——即由原来的低技术含量的劳动密集型，转型为拥有先进制造技术、工艺与检测流程的技术密集型，由非数字制造、非精密制造，转变为数字制造、精密制造，追求高品质、追求核心竞争力。计量与测量技术的发展、变革、参与和推动，将成为制造业变革中至关重要的因素。学习和使用这一领域中常见测量设备比如三坐标相关知识，并把其作为岗位职业能力之一，是非常重要的举措。

三坐标测量机的分类方式很多，按测量方式可分为接触式测量机和非接触式测量机；按结构方式可以分为悬臂式、龙门式（又称门架式）和桥式测量机，桥式测量机又可以分为移动桥式测量机和固定桥式测量机。

悬臂式三坐标测量机，如图0-2所示，在X方向很长，Z向较高，整机开敞性比较好，是测量汽车各种分总成、白车身时最常用的测量机，如上海大众、通用汽车、北京奔驰等大型汽车集团却在使用。

龙门式三坐标测量机一般为大中型测量机，如图0-3所示，要求较好的地基，立柱影响操作的开敞性，但减少了移动部分的质量，有利于精度及动态性能的提高。龙门测量机最长可到数十米，由于其刚性比水平臂式好，因而对大尺寸工件而言可保证足够的精度。常见

图0-2 悬臂式三坐标测量机

于大型重工企业、航空航天企业，用于测量机械加工大部件的相关尺寸，如风电齿轮、飞机机翼结构件、大型柴油发动机箱体等。

图0-3 龙门式三坐标测量机

移动桥式三坐标测量机，如图0-4所示，是目前中小型测量机的主要结构形式，承载能力较大，本身具有台面，受地基影响相对较小，开敞性好，精度通常比固定桥式稍低。是精密机械加工制造行业、主机厂零部件部门或者配套零部件供应企业的应用最广泛的测量设备。

固定桥式三坐标测量机，如图0-5所示，是典型的高精度和超高精度测量首选，是由微米级向亚微米测量过渡的测量设备，是高精密专业零部件如高精密齿轮、涡轮蜗杆、叶盘叶片、摆线轮和超高精密箱体等工件测量的首选。也是计量院所、计量研究室和高精密测量室的常见测量设备。

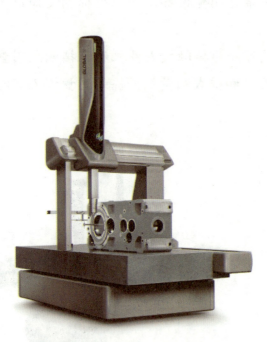 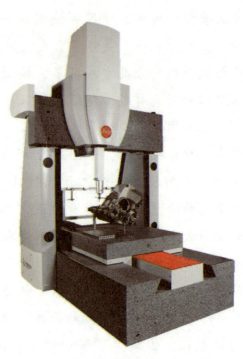

图0-4 移动桥式三坐标测量机　　　　图0-5 固定桥式三坐标测量机

测量机市场有以下几个测量机生产厂商：海克斯康制造智能集团、德国卡尔蔡司集团、德国温泽集团、英国LK有限公司等。

模块一

机械装调基础知识

任务一　使用机械装调工量具

任务目标

【知识目标】
1. 认识机械拆装的主要工具。
2. 认识机械装调的主要量具。

【技能目标】
1. 使用机械拆装的主要工具。
2. 识读并使用机械装调的主要量具。

【素养目标】
1. 具有安全文明生产和遵守操作规程的意识。
2. 具有人际交往和团队协作能力。

任务描述

正确使用机械装调工量具。

知识储备

一、常用机械拆装工具

常用的机械拆装工具见表 1-1。

常用工具的认识

表 1-1 常用的机械拆装工具

序号	名称		图例	用途
1	钳子	钢丝钳		用于夹持零件、弯折薄片、夹持金属丝、切断金属丝等，使用中避免碰伤零件
		尖嘴钳		用于装拆销、弹簧等细小零件，使用中注意保护，不要划伤零件表面
		孔用挡圈钳		用于装拆安装在孔内的弹性挡圈
		轴用挡圈钳		用于装拆安装在轴上的弹性挡圈
2	扳手	内六角扳手		用于紧固或拆卸不同尺寸规格的内六角螺钉
		活扳手		用于紧固或拆卸一定尺寸范围的外六角或方头螺纹连接件。使用时根据螺母的大小调节扳手开口，应使固定钳口受主要作用力，否则会损坏扳手
		呆扳手		用于紧固或拆卸外六角或方头螺纹连接件。其规格是以开口的尺寸表示，使用时扳手规格要符合螺母的尺寸，否则会损坏螺母
		勾头扳手		用于紧固或拆卸圆螺母。
3	旋具	一字形旋具		紧固和拆卸一字形螺钉
		十字形旋具		紧固和拆卸十字形螺钉。

续表

序号	名称	图例	用途
4	手锤		与铜棒和轴承冲击套筒配合敲击使用,用于机械零件的拆装
5	铜棒		主要用于传力,避免手锤直接敲击零件
6	拉拔器（拉马）		与活扳手或呆扳手配合使用,用于拆卸安装在轴端且配合较紧的零件,如带轮、齿轮和滚动轴承等。拆卸轴承时,应使轴承内圈受力
7	轴承冲击套筒		用于滚动轴承的内、外圈的装配。使用时根据轴承内、外圈的尺寸选择合适的轴承冲击套筒,使用时不得冲击轴承保持架

二、常用机械装调量具

1. 认识游标卡尺

常用的游标卡尺见表 1-2。

常用量具的认识

表 1-2 认识游标卡尺

序号	内容	图示	说明
1	认识游标卡尺		游标卡尺是一种中等精度的量具,可以直接测量出工件的内径、外径、长度、宽度、孔深、中心距等。游标卡尺可分为三用游标卡尺和双面游标卡尺两种,主要由尺身、游标、内测量爪、外测量爪、深度尺、紧固螺钉等组成。常用的测量范围有 0~125mm、0~150mm、0~200mm、0~300mm

续表

序号	内容	图示	说明
2	游标卡尺刻线原理	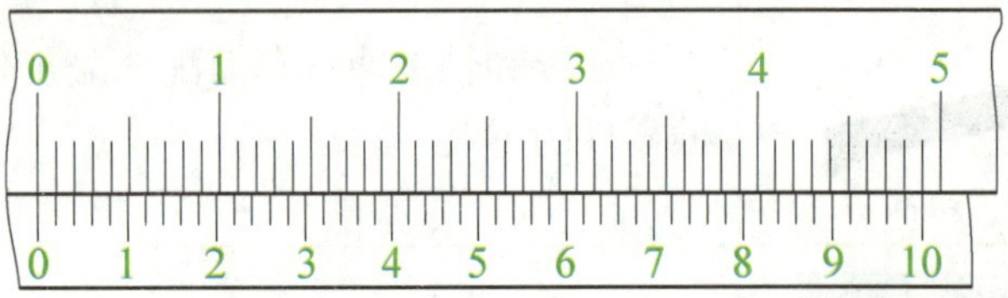 (a) 精度0.02mm游标卡尺 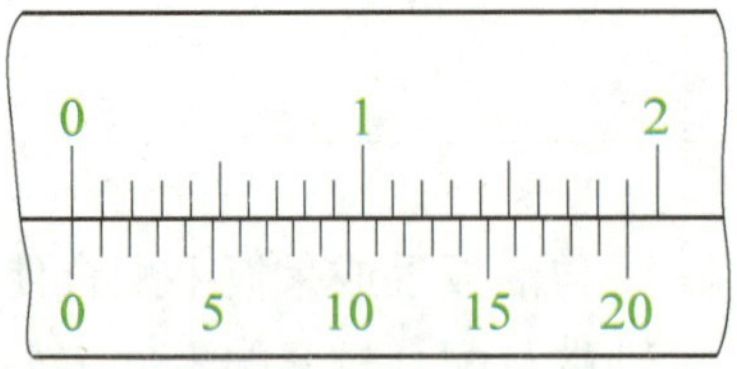(b) 精度0.05mm游标卡尺	（1）0.02mm游标卡尺刻线原理。 尺身上每小格为1mm，当两测量爪合并时，游标上50格刻线与尺身上49格对齐，则游标的每格宽度为49/50=0.98mm。尺身刻线间距与游标刻线间距之差是1-0.98=0.02mm，如图（a）。 （2）0.05mm游标卡尺刻线原理。 尺身每小格为1mm，当两测量爪合并时，游标上20格刻线与尺身上19格对齐，则游标的每格宽度为19/20=0.95mm。尺身刻线间距与游标刻线间距之差是1-0.95=0.05mm，如图（b）
3	其他游标卡尺	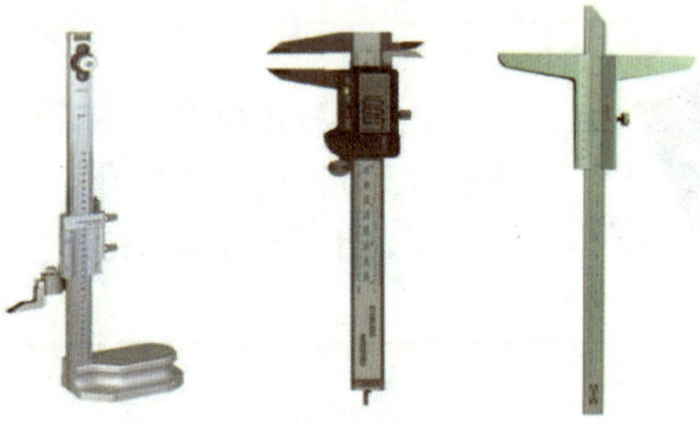 (a) (b) (c)	（a）图为游标高度尺。 （b）图为电子显数卡尺。 （c）图为游标深度尺
4	游标卡尺使用注意事项	（1）游标卡尺是比较精密的测量工具，要轻拿轻放，不得碰撞或跌落地面。使用时不要用来测量粗糙的物体，以免损坏量爪；不用时应置于干燥的地方防止锈蚀。 （2）测量前应将游标卡尺擦拭干净，量爪贴合后，游标尺的零线和尺身的零线应对齐，用眼睛观察应无明显的光隙。 （3）测量时，应先拧松紧固螺钉，移动游标不能用力过猛。两量爪与待测物的接触不宜过紧，刚好使测量面与工件接触同时量爪还能沿着工件表面自由滑动。不能使被夹紧的物体在量爪内挪动。 （4）读数时，视线应与尺面垂直。如需取下读数，可用紧固螺钉将游标固定在尺身上，防止滑动。 （5）实际测量时，对同一长度应多测几次，取其平均值来消除偶然误差。 （6）不能用游标卡尺测量旋转着的工件。 （7）不准以游标卡尺代替卡钳在工件上来回拖拉。 （8）游标卡尺不要放在强磁场附近（如磨床的磁性工作台上），以免使游标卡尺感受磁性影响使用	

2. 认识千分尺

千分尺详细介绍见表1-3。

表 1-3　认识千分尺

序号	内容	图示	说明
1	认识千分尺	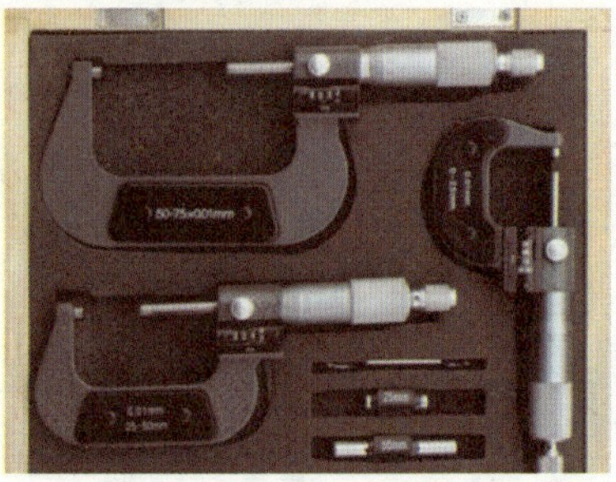 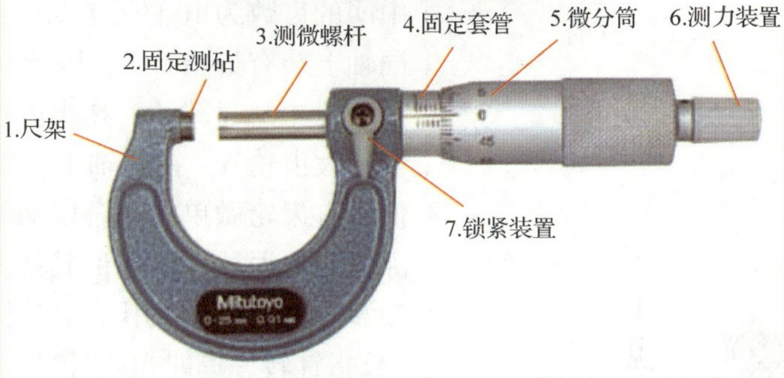 1.尺架　2.固定测砧　3.测微螺杆　4.固定套管　5.微分筒　6.测力装置　7.锁紧装置	千分尺又名螺旋测微器，是测量中最常用的精密量具之一，其测量精度比游标卡尺高，且较灵敏，广泛用于加工精度要求较高工件的测量。 千分尺由尺架、固定测砧、测微螺杆、固定套管、微分筒、测力装置和锁紧装置等组成。 刻线原理：固定套管上相邻两刻线轴向长度为 0.5mm。测微螺杆螺距为 0.5mm。当微分筒转 1 圈时，测微螺杆就移动 1 个螺距 0.5mm。微分筒圆锥面上共等分 50 格，微分筒转 1 格，测微螺杆就移动 0.5/50mm = 0.01mm，所以千分尺的测量精度为 0.01mm
2	千分尺使用注意事项	（1）测量前，转动千分尺的测力装置，使两侧砧面贴合，并检验是否密合；同时检查微分筒与固定套筒的零刻线是否对齐，如有偏差应调整固定套筒对零。 （2）决不允许旋转微分筒来夹紧被测表面，以免损坏千分尺。 （3）应使测量杆与被测尺寸方向一致，不可歪斜，并保持与测量表面接触良好。 （4）读数时，尽量不要取下千分尺进行读数；如有需要取下读数，应先锁紧测微螺杆，然后轻轻取下千分尺，防止尺寸变动，读数时应努力提高千分尺识读时半毫米的判断准确率。 （5）千分尺使用后应及时擦净放在盒内，避免碰撞损伤而影响其精度	

3. 认识百分表和内径百分表

百分表和内径百分表介绍见表 1-4。

表 1-4　认识百分表和内径百分表

序号	内容	图示	说明
1	认识百分表及表架	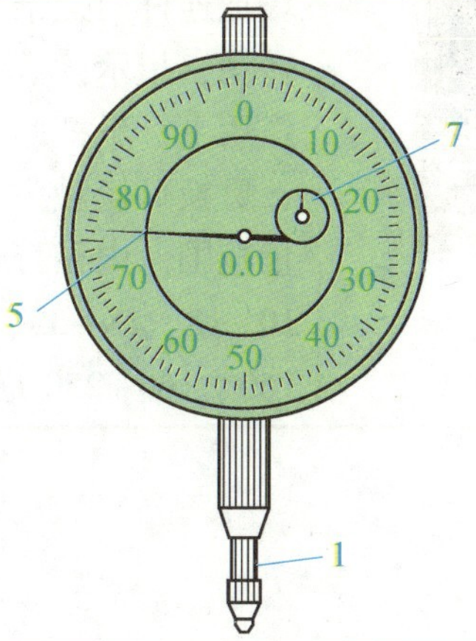	

序号	内容	图示	说明
1	认识百分表及表架	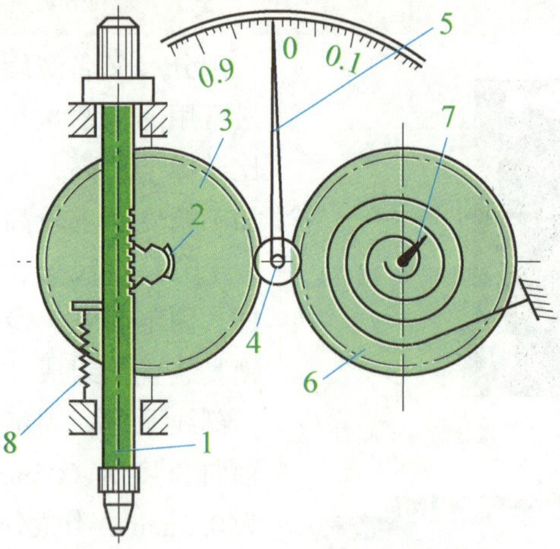 (a) 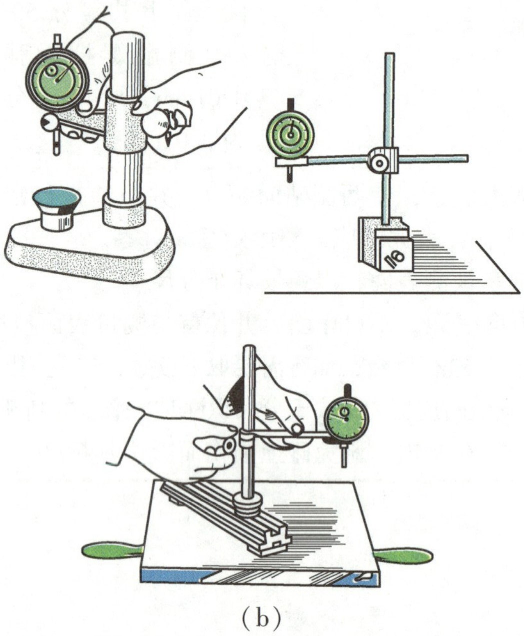 (b)	如（a）图所示，其传动系统由齿轮和齿条组成。测量杆下端用螺纹连接测量头，上端有齿。当齿杆上升时，带动齿数为16的小齿轮2，与小齿轮2同轴装有齿数为100的大齿轮3，再由这个齿轮带动中间的齿数为10的小齿轮4；小齿轮4的同轴上装有长指针5，因此长指针就随着小齿轮4一起转动；在小齿轮4的另一边装有大齿轮6，在其轴下端装有游丝，迫使所有齿轮做单向啮合以消除齿轮间的间隙引起的误差，以保证其精度。该轴的上端装有短指针7，用来记录长指针的转数（长指针转一周时短指针转一格）；拉簧8的作用是使齿杆1能回到原位。在表盘上刻有刻度，共分为100格，转动表圈，可调整表盘刻线与长指针的相对位置。 使用百分表进行测量时要将其装在专用表架上，百分表在表架上的上下、前后位置可以调节，并可调整角度。（b）图所示，分别为万能表架、磁性表架、普通表架
2	认识内径百分表	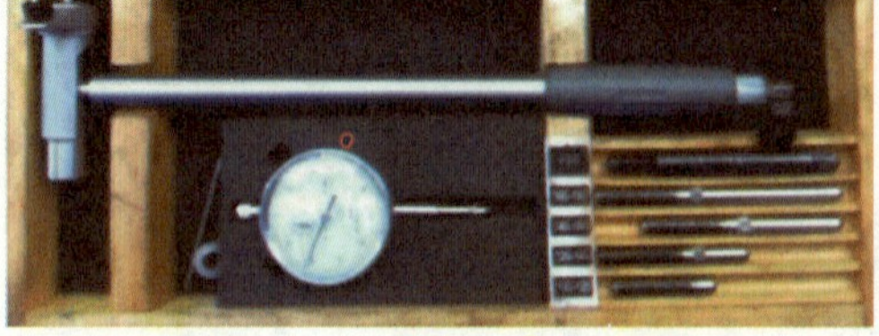	内径百分表在三通管内的一端装着量杆，另一端装着可换测量头。测量内孔时，孔壁使量杆向左移动而推动摆块，摆块把连杆向上推动，就推动百分表的指针转动，指示读数。测量完毕后，在弹簧的作用下，量杆回到原位。 更换可换触头，可改变内径百分表的测量范围。内径百分表的测量范围有6～10、10～18、18～35、35～50、50～100、100～160、160～250毫米等

任务实施

1. 使用游标卡尺

游标卡尺使用方法见表1-5。

表1-5 使用游标卡尺

序号	内容	图示	说明
1	0.02mm游标卡尺读数练习	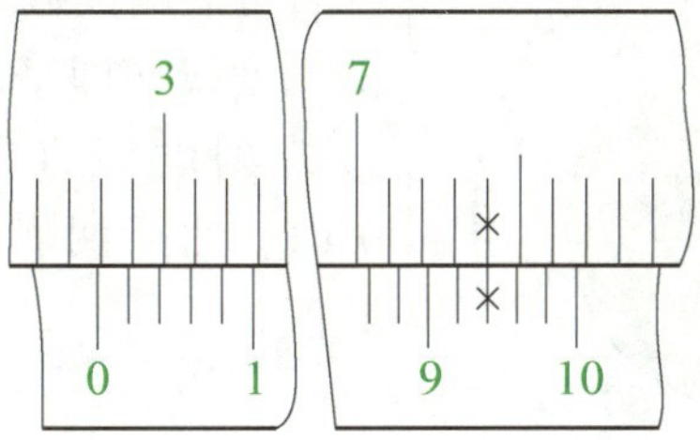	（1）在尺身上读出位于游标零线左边最接近的整数值（27mm）。 （2）用游标上与尺身刻线对齐的刻线格数，乘以游标卡尺的测量精度值，读出小数部分（47格×0.02mm=0.94mm）。 （3）将两项读数值相加，即为被测尺寸（27mm+0.94mm=27.94mm）
2	0.05mm游标卡尺读数练习	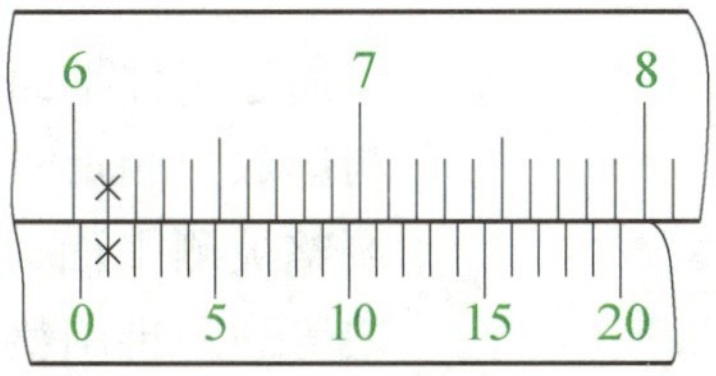	（1）在尺身上读出位于游标零线左边最接近的整数值（60mm）。 （2）用游标上与尺身刻线对齐的刻线格数，乘以游标卡尺的测量精度值，读出小数部分（1格×0.05mm=0.05mm）。 （3）将两项读数值相加，即为被测尺寸（60mm+0.05mm=60.05mm）

2. 使用千分尺

千分尺使用方法见表1-6。

表1-6 使用千分尺

序号	内容	图示	说明
1	0~25mm千分尺读数练习	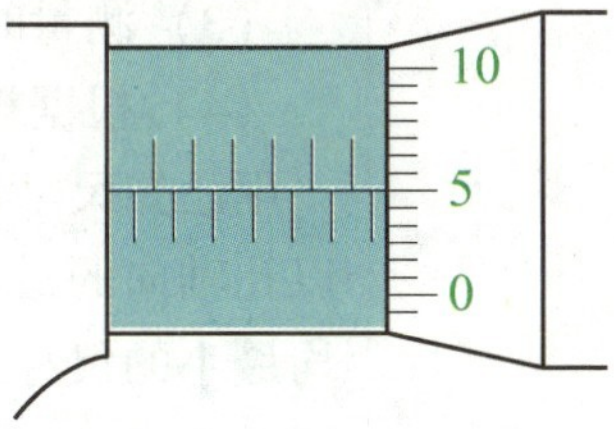	（1）读出微分筒边缘在固定套筒上所示的数值（6mm）。 （2）找到微分筒与固定套筒上的基准线对齐的刻线，读出格数乘以精度（5格×0.01mm=0.05mm）。 （3）将两项读数值相加，即为被测尺寸（6mm+0.05mm=6.05mm）
2	25~50mm千分尺读数练习	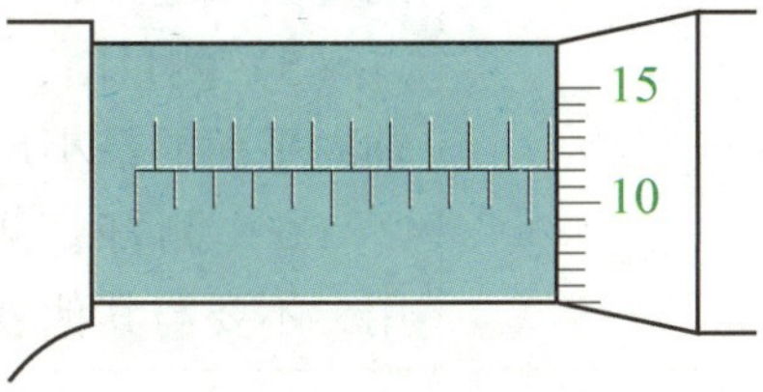	（1）读出微分筒边缘在固定套筒上所示的数值（35.5mm）。 （2）找到微分筒与固定套筒上的基准线对齐的刻线，读出格数乘以精度（12格×0.01mm=0.12mm）。 （3）将两项读数值相加，即为被测尺寸（35.5mm+0.12mm=35.62mm）

3. 使用百分表和内径百分表

百分表和内径百分表详细介绍见表1-7。

表1-7 使用百分表和内径百分表

序号	内容	图示	说明
1	百分表刻线原理与读数练习	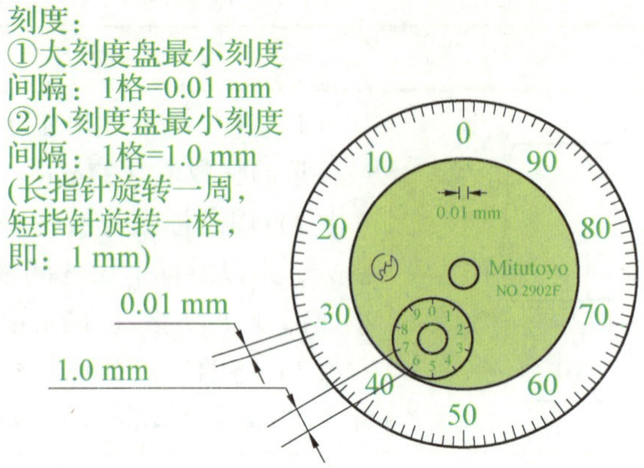 刻度： ①大刻度盘最小刻度间隔：1格=0.01 mm ②小刻度盘最小刻度间隔：1格=1.0 mm （长指针旋转一周，短指针旋转一格，即：1 mm）	百分表的读数方法为：先读小指针转过的刻度线（即毫米整数），再读大指针转过的刻度线（即小数部分），并乘以0.01，然后两者相加，即得到所测量的数值
2	百分表测量练习	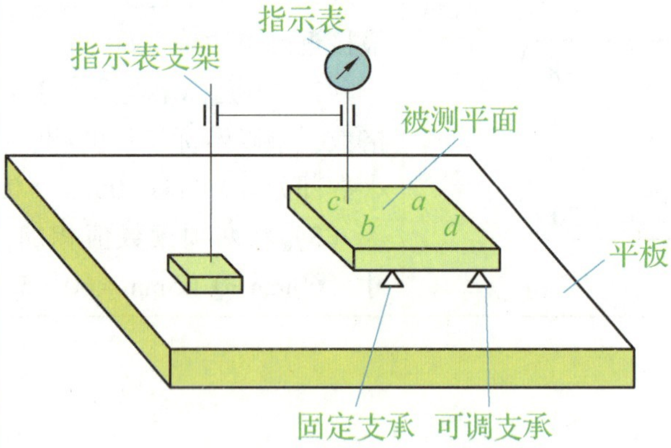	通过工件平面度测量，练习百分表使用与读数：测量时，借助百分表（指示表）调整被测平面对角线上的 a、b 两点，使之等高。再调整另一对角线上 c、d 两点，使之等高。然后移动百分表测量平面各点，百分表的最大与最小读数之差即为该平面的平面度误差
3	内径百分表测量练习	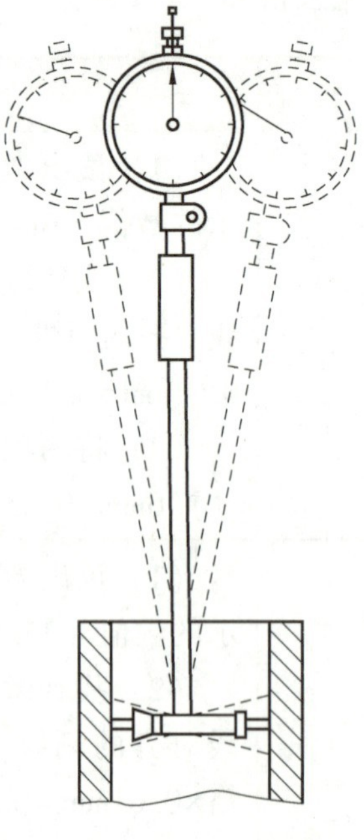	（1）把百分表插入量表直管轴孔中，压缩百分表一圈，锁紧紧固旋钮。 （2）选取并安装可换测头，锁紧紧固螺母。 （3）测量时手握隔热装置。 （4）根据被测尺寸调整零位。 用已知尺寸的环规或千分尺调整零位，以孔轴向的最小尺寸或平面间任意方向内均最小的尺寸对"0"位，然后反复测量同一位置2~3次后检查指针是否仍与0线对齐，如不齐则重调。为读数方便，可用整数来定"0"位位置。 （5）测量时，摆动内径百分表，找到轴向平面的最小尺寸（转折点）来读数。 （6）测杆、测头、百分表等配套使用，不要与其他表混用

续表

序号	内容	图示	说明
4	百分表使用注意事项	（1）测量前，检查表盘和指针有无松动现象。检查指针的平稳性和稳定性。加紧百分表的力也不宜过猛，以免影响杆移动的灵活性。 （2）使用时，应先对好"0"位，如果长指针"0"有偏差，可以转动外圈进行调整，否则要对测量读数加以修改。 （3）测量时，应轻轻提起测杆，把工件移至测头下面，缓缓下降，测头接触工件时，不准把工件强迫推入至测头下，也不得急剧下降测头，以免产生瞬时冲击测力，给测量带来误差。 （4）测量时，测量杆应垂直于零件表面。如果测量圆柱形工件，测量杆应对准圆柱轴线中心。测量头与被测量表面接触时，测量杆应预先有0.3~1mm的压缩量。保持一定的初始测力，以免由于存在负偏差而测不出值。 （5）测量时，不要使测量杆的行程超过它的测量范围，不要使表头突然撞到工件上，也不要用百分表测量表面粗糙度或有显著凹凸不平的工件。 （6）测量平面时，百分表的测量杆要与平面垂直；测量圆柱形工件时，测量杆要与工件的中心线垂直；否则，将使测量杆活动不灵或测量结果不准确。 （7）百分表不用时，应使测量杆处于自由状态，以免使表内弹簧失效	

任务评价

理论知识主要通过学生作业形式进行个人评价、小组互评和教师评价。实践操作则通过项目任务，根据学生的完成情况进行评价，见表1-8。

表1-8 任务评价记录表

评价项目	评价内容	分值	个人评价	小组互评	教师评价	得分
理论知识	认识机械拆装工具	10				
	认识机械装调量具	10				
实践操作	使用游标卡尺	10				
	使用千分尺	15				
	使用百分表和内径百分表	15				
操作规范	遵守操作规程	10				
	职业素质规范化养成	10				
学习态度	考勤情况	5				
	遵守学习纪律	5				
	团队合作	10				
合计		100				

续表

评价项目	评价内容	分值	个人评价	小组互评	教师评价	得分
成果分享	收获					
	不足					
	改进措施					

思考与练习

1. 简述机械拆装主要工具的名称及用途。
2. 简述游标卡尺的使用方法及注意事项。
3. 简述千分尺的使用方法及注意事项。

知识拓展

认识三坐标测量机中的光栅

光栅是三坐标测量机应用最广泛的长度基准，其主要由光栅尺及读数头两部分组成。光栅尺上有着均匀排列的刻线，读数头上有读数光栅以及发光二极管和硅光电池。读数头与光栅尺分别装在两个相对运动的载体上，利用光栅尺与读数头间的相对运动来得到两个载体间的相对位移。

从安装方式上分为闭式光栅（如图1-1所示）与开式光栅；从结构形式上分为透射式光栅与反射式光栅；从输出信号上分为电压输出、电流输出和TTL输出；从计数方式上分为绝对光栅与相对光栅。

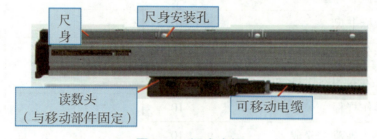

图1-1 闭式光栅

为了防尘，把光栅尺及读数头组合并封闭在铝长盒内。其优点是可以整体安装，不需要进行读数头和光栅尺身相对位置的调整，但密封条及轴承的摩擦影响光栅精度及寿命，不适于在高速状态下运行，很少有测量机应用此类光栅。

开式光栅具有光栅尺及读数头互不接触、没有摩擦等优点，因此测量机上主要应用此类光栅尺。但其光栅尺及读数头分别安装于相对运动的不同物体上，需要安装调整相对位置。

光栅在安装时，需确保光栅尺与读数头之间间隙合理，光栅尺表面无灰尘。此外光栅读数头送出的信号很弱，极易感受干扰，要根据厂家的要求用较好的屏蔽电缆妥善接地。

任务二 认识 THMDZT-1 型机械装调实训平台

【任务目标】

【知识目标】
1. 掌握 THMDZT-1 型机械装调实训平台各部分的名称及结构。
2. 会识读 THMDZT-1 型机械装调实训平台各部件装配图。

【技能目标】
1. 正确识读 THMDZT-1 型机械装调实训平台各部件装配图。
2. 对应装配图明细表找到相应零部件。

【素养目标】
1. 具有安全文明生产和遵守操作规程的意识。
2. 具有人际交往和团队协作能力。

任务描述

正确识读 THMDZT-1 型机械装调实训平台各部件装配图并找到对应零部件。

知识储备

THMDZT-1 型机械装调实训平台（如图 1-2 所示）主要培养学生识读与绘制装配图和零件图、钳工基本操作、零部件和机构装配工艺与调整、装配质量检验等技能。提高学生在机械制造企业及相关行业一线工艺装配与实施、机电设备安装调试和维护修理、机械加工质量分析与控制、基层生产管理等岗位的就业能力。

图 1-2 THMDZT-1 型机械装调实训平台

1—机械装调区域；2—钳工操作区域；3—电源控制箱；
4—抽屉；5—万向轮；6—吊柜

一、机械装调工作区

机械装调工作区的布局如图 1-3 所示。

1. 变速箱

变速箱具有双轴三级变速输出，其中一轴输出带正反转功能，顶部用有机玻璃防护。其主要由箱体、齿轮、花键轴、间隔套、键、角接触轴承、深沟球轴承、卡簧、端盖、手动换挡机构等组成，如图 1-4 所示，可完成多级变速箱的装配工艺实训。

2. 齿轮减速器

齿轮减速器主要由直齿圆柱齿轮、角接触轴承、深沟球轴承、支架、轴、端盖、键等组成（如图 1-5 所示），可完成齿轮减速器的装配工艺实训。

图 1-3 机械装调工作区的布局

1—交流减速电动机；2—变速箱；3—齿轮减速器；4—二维工作台；5—间歇回转工作台；6—自动冲床

图 1-4 变速箱

图 1-5 齿轮减速器

3. 二维工作台

二维工作台主要由滚珠丝杠、直线导轨、台面、垫块、轴承、支座、端盖等组成（如图 1-6 所示），分上下两层：上层手动控制，下层由变速箱经齿轮传动控制，实现工作台往返运行，工作台面装有行程开关，实现限位保护功能；能完成直线导轨、滚珠丝杠、二维工作台的装配工艺及精度检测实训。

4. 间歇回转工作台

间歇回转工作台主要由四槽槽轮机构、蜗轮蜗杆、推力球轴承、角接触轴承、台面、支架等组成，如图 1-7 所示。由变速箱经链传动、齿轮传动、蜗轮蜗杆传动及四槽槽轮机构分度后,实现间歇回转功能;能完成蜗轮蜗杆、四槽槽轮、轴承等的装配与调整实训。

图 1-6　二维工作台

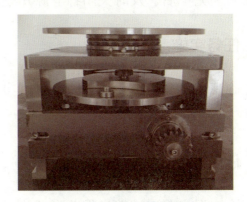

图 1-7　间歇回转工作台

5. 自动冲床机构

自动冲床机构主要由曲轴、连杆、滑块、支架、轴承等组成,如图 1-8 所示。与间歇回转工作台配合,实现压料功能模拟。可完成自动冲床机构的装配工艺实训。

图 1-8　自动冲床机构

二、设备操作注意事项

①实训工作台应放置平稳,平时应注意清洁,长时间不用时最好加涂防锈油。

②实训时长头发学生需戴防护帽,不准将长发露出帽外。除专项规定外,不准穿裙子、高跟鞋、拖鞋、风衣、长大衣等。

③装置运行调试时，不准戴手套、长围巾等，其他佩戴饰物不得悬露。

④实训完毕后，及时关闭各电源开关，整理好实训器件放入规定位置。

任务实施

正确识读 THMDZT-1 型机械装调实训平台各部件装配图（见附图 1~附图 6）并找到对应零部件。

任务评价

理论知识主要通过学生作业形式进行个人评价、小组互评和教师评价。实践操作则通过项目任务，根据学生的完成情况进行评价，见表 1-9。

表 1-9 任务评价记录表

评价项目	评价内容	分值	个人评价	小组互评	教师评价	得分
理论知识	认识实训平台各部件	10				
	识读实训平台部件装配图	10				
实践操作	正确识读装配图	15				
	找到对应零部件	15				
操作规范	遵守操作规程	10				
	职业素质规范化养成	10				
学习态度	考勤情况	10				
	遵守学习纪律	10				
	团队合作	10				
合计		100				
成果分享	收获					
	不足					
	改进措施					

思考与练习

1. 简述 THMDZT-1 型机械装调实训平台各部件名称。
2. 识读 THMDZT-1 型机械装调实训平台各部件装配图。

模块二

变速箱的装配与调整

变速箱是变更转速比和运动方向的装置。用于汽车、拖拉机、船舶、机床和各种机器上，用来按不同工作条件改变由主动轴传到从动轴上的扭矩、转速和运动方向。齿轮传动的变速箱一般由箱壳和若干齿轮对组成，如图1-4所示。

任务一　装配直齿圆柱齿轮

任务目标

【知识目标】
1. 认识齿轮传动的组成和特点。
2. 了解齿轮传动的装配技术要求和常见安装方法。

【技能目标】
1. 能正确安装圆柱齿轮。
2. 能正确地将圆柱齿轮安装到轴上。
3. 能正确调整齿轮。

【素养目标】
1. 具有安全文明生产和遵守操作规程的意识。
2. 具有人际交往和团队协作能力。

任务描述

根据附图2变速箱装配图，选用适合的工具和量具，对图2-1中的直齿圆柱齿轮进行装配与调整作业，达到图纸的技术要求。

图 2-1 直齿圆柱齿轮的装配

知识储备

一、轴

轴是组成机器的重要零件之一。其主要功能是传递运动和转矩，支承回转零件（如齿轮）。

1. 轴的分类

根据轴线形状的不同轴可分为直轴、曲轴和挠性轴三种。

1）直轴

各轴段轴线为同一直线的轴称为直轴。直轴在生产中的应用最为广泛。直轴按照外形不同，可分为光轴（如图 2-2 所示）和阶梯轴（如图 2-3 所示）两种。阶梯轴的应用最为广泛。

图 2-2　光轴　　　　　　　　　图 2-3　阶梯轴

2）曲轴

各轴段轴线不在同一直线上，主要用于往复式运动的机械中的轴称为曲轴，如图 2-4 内燃机曲轴所示。

3）挠性轴

由多组钢丝分层卷绕而成，具有良好挠性，可将回转运动灵活地传到空间任何位置的轴称为挠性轴，如图 2-5 所示。

图 2-4　内燃机曲轴

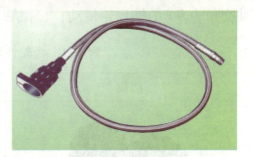
图 2-5　挠性轴

2. 轴的结构

在实际应用中，为了固定轴上零件，经常用到阶梯轴，其结构应满足：轴和装在轴上的零件要有准确的工作位置；轴上的零件应便于装拆和调整；轴应具有良好的制造工艺性；轴的受力合理，有利于提高轴的强度和刚度。

轴的结构如图 2-6 所示。

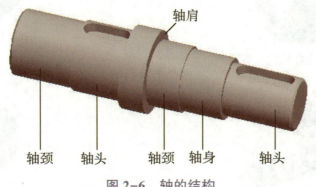
图 2-6　轴的结构

① 轴颈是与轴承配合的轴段。
② 轴头是支承传动零件的轴段。
③ 轴身是连接轴颈和轴头的轴段。
④ 阶梯轴上截面变化之处称为轴肩，起固定轴上零件的作用。

二、齿轮传动的类型和特点

齿轮传动由主动齿轮、从动齿轮和机架组成，如图 2-7 所示，这是应用最广泛的机械传动形式。

1. 齿轮传动的类型

齿轮传动的类型很多，按照齿轮轴线相互位置、齿向和啮合情况的方法分类，如表 2-1 所示。

平行轴齿轮传动用来传递两平行轴间的运动和动力；相交轴齿轮传动可以实现两个相交轴的传

图 2-7　齿轮传动

动，常用轴交角为90°的锥齿轮传动；交错轴齿轮传动可以实现两个交错轴的传动。

表 2-1　齿轮传动的类型及应用场合

类型	图例	类型	图例
平行轴间齿轮传动	 直齿圆柱齿轮	相交轴间齿轮传动	 直齿锥齿轮
平行轴间齿轮传动	 内啮合齿轮  齿轮齿条  斜齿圆柱齿轮  人字齿圆柱齿轮	交错轴间齿轮传动	 斜齿锥齿轮  曲齿锥齿轮 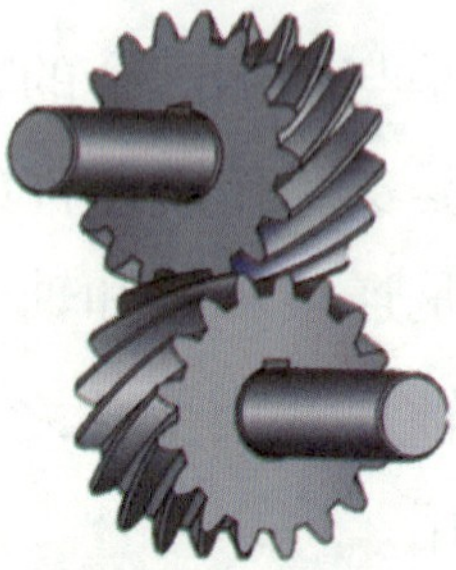 交错轴斜齿轮  交错轴曲面齿轮

2. 齿轮传动的特点

①能保证恒定的传动比，传递运动准确，传动平稳。

②传动效率高，一般可达95%～99%，工作可靠，寿命长。

③适用的功率、速度和尺寸范围大。
④制造比较复杂，成本较高。
⑤不适于远距离两轴之间的传动，振动、冲击、噪声较大。
由于齿轮传动具有其他传动不可比拟的优点，在工业上得到了广泛的应用。

三、齿轮传动的工作过程和传动比

1. 齿轮传动的工作过程

齿轮传动是利用两齿轮轮齿的直接啮合来传递运动和动力的。图 2-8 所示为两直齿圆柱齿轮啮合传动示意图，主动齿轮以转速 n_1 顺时针转动，在齿轮啮合作用下，带动从动齿轮以转速 n_2 逆时针转动。

图 2-8　齿轮啮合传动示意图

2. 齿轮传动的传动比

在齿轮传动中，主动齿轮转速与从动齿轮转速之比称为齿轮传动的传动比，其表达式为：

$$i = \frac{n_1}{n_2} = \frac{z_2}{z_1}$$

式中，n_1、n_2——主、从动齿轮的转速，r/min；
　　　z_1、z_2——主、从动齿轮的齿数。

四、齿轮传动的应用场合

常见齿轮传动的应用场合如表 2-2 所示。

表 2-2　常见齿轮传动的应用场合

齿轮传动类型	应用场合
直齿圆柱齿轮传动	直齿圆柱齿轮传动制造简单，传动时无轴向力，但与条件相同的斜齿轮相比，传动平稳性较差，承载能力较低，因此多用于速度较低的传动
斜齿圆柱齿轮传动	斜齿圆柱齿轮传动较平稳，承载能力较高，但传动时会产生轴向力，因此适用于速度较高、载荷较大或要求结构较紧凑的场合
直齿锥齿轮传动	直齿锥齿轮制造和安装简便，传动平稳性较差，承载能力较低，因此用于速度较低（<5m/s）、载荷小而稳定的传动

五、齿轮的装配

1. 空套齿轮的装配

在轴上空套或滑移的齿轮,与轴和键一般为间隙配合,装配精度主要取决于零件本身的加工精度,装配时要注意检查轴、孔的尺寸。

2. 固定齿轮的装配

在轴上固定的齿轮与轴和键一般为过渡配合或过盈量较小的过盈配合,当过盈量较小时,可用铜棒或橡胶锤敲入;运转方向经常变化、低速重载的齿轮,一般过盈量很大,可用热胀法或液压套合法装配。

齿轮传动的安装与调试

任务准备

完成该任务需要准备的实训物品如表 2-3 所示。

表 2-3 实训物品清单

序号	实训资源	种类	数量	备注
1	装配操作平台	THMDZT-1 型机械装调技术综合实训装置	1 套	
2	参考资料	《THMDZT-1 型机械装调技术综合实训装配图》	1 套	
3	工具和量具	游标卡尺	1 把	300mm
		内六角扳手	1 套	
		橡胶锤	1 把	
		圆螺母扳手	各 1 把	M16、M27 圆螺母用
		垫片	若干	
		除锈剂	若干	
		纯铜棒	1 根	
		一字形旋具	1 把	
4	附具	零件盒	2 个	
		防锈油	若干	
		抹布	若干	
		毛刷	1 把	

1. 清理

安装前须清除安装表面上的毛刺、伤痕及污物，清洗擦拭零件上的防锈油及污渍。

2. 安装主轴

根据变速箱装配图，选用合适的工具按顺序安装四个齿轮、平键及齿轮中间的齿轮套筒后，锁紧两个圆螺母，如图2-9所示。

轴上零件的安装与调试

图 2-9 主轴

理论知识主要通过学生作业形式进行个人评价、小组互评和教师评价。实践操作则通过项目任务，根据学生的完成情况进行评价，见表2-4。

表 2-4 任务评价记录表

评价项目	评价内容	分值	个人评价	小组互评	教师评价	得分
理论知识	轴的结构及类型	10				
	齿轮的传动形式	10				
	齿轮传动比的计算	10				
实践操作	零件清洗	10				
	平键的装配	10				
	齿轮的装配	10				
操作规范	遵守操作规程	10				
	职业素质规范化养成	10				
学习态度	考勤情况	5				
	遵守学习纪律	5				
	团队合作	10				
	合计	100				

续表

评价项目	评价内容	分值	个人评价	小组互评	教师评价	得分
成果分享	收获					
	不足					
	改进措施					

思考与练习

1. 简述齿轮传动的特点及应用场合。
2. 简述齿轮传动的形式。
3. 简述齿轮传动转速与齿轮齿数的关系。

知识拓展

认识三坐标测量机中的齿轮齿条传动

在齿轮齿条传动的结构中，电动机减速器带动小齿轮转动，此组件与运动部件连接，齿条固定不动。齿条、齿轮的精度极大影响传动质量，周节误差会引起周期性的振动，安装中齿条要与相应导轨平行，结构如图2-10所示。

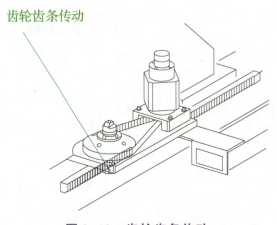

图2-10　齿轮齿条传动

齿轮齿条传动的优点：可以拼接加长使用，理论上讲，长度不受限制，传动刚性好，不会打滑，选择合适的模数及种类可应用于大型、高速、重载的测量机。

齿轮齿条传动的缺点：过载时可能憋坏齿牙，成本略高。

任务二 滚动轴承的装配与调整

任务目标

【知识目标】
1. 了解轴承的分类及使用场合。
2. 掌握正确安装和调节轴承的方法。

【技能目标】
1. 能正确安装和调整轴承。
2. 能进行滚动轴承间隙的调整。
3. 能进行滚动轴承的预紧。
4. 能进行滚动轴承的装配。

【素养目标】
1. 具有安全文明生产和遵守操作规程的意识。
2. 具有人际交往和团队协作能力。

任务描述

根据附图 2 变速箱装配图，选用适合的工具和量具，完成主轴滚动轴承的装配，并达到预期的工作要求，如图 2-11 所示。

图 2-11 主轴轴承装配

知识储备

一、滚动轴承

滚动轴承是机器中用来支承轴和轴上零件的重要零部件，它能保证轴的旋转精度、减小转动时轴与支承间的磨损。

1. 滚动轴承的结构

滚动轴承的结构如图 2-12 所示，由外圈、内圈、滚动体和保持架组成。

2. 滚动轴承的分类

滚动轴承按照承受载荷的方向不同，可分为向心轴承、推力轴承和向心推力轴承三类。如图 2-12 所示。

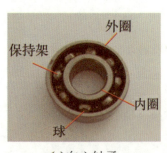
(a)向心轴承

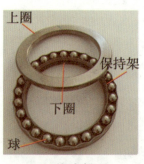
(b)推力轴承

(c)向心推力轴承

图 2-12 滚动轴承的结构

3. 滚动轴承的应用特点

滚动轴承具有摩擦阻力小、启动灵敏、效率高、可用预紧的方法提高支承刚性与旋转精度、润滑简便和有互换性等优点；具有抗冲击能力差、高速时噪声大、轴承径向尺寸大、寿命较低等缺点。

二、滚动轴承的拆装

1. 滚动轴承的拆卸

1）常用轴承的拆卸方法

①机械方法（拉拔器）。机械方法是拆卸紧配合轴承的传统方法，应用最多，如图 2-13 所示。

②加热方法。适用于短圆柱滚子轴承，如图 2-13（b）所示。

③液压方法。适用于内孔带锥度的轴承，或非常紧的配合工件，要求预置油孔油槽，如图 2-13（c）所示。

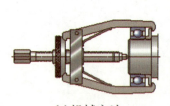
(a)机械方法

(b)加热方法

(c)液压方法

图 2-13 滚动轴承的拆卸方法

机械法拆卸轴上的轴承时，拉拔器须作用在轴承内圈上，如图 2-14（a）所示，当由于轴的结构拉拔器无法作用在轴承内圈上时，须用轴承拆卸挡片配合拆卸，如图 2-14（b）所示；机械法拆卸轴承座孔内的轴承时，采用内孔拉拔器拆卸，如图 2-15 所示，拉拔器作用在轴承的外圈上。

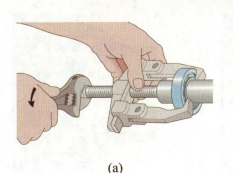  

(a)   (b)

图 2-14 轴上的轴承拆卸方法　　　　　　　图 2-15 孔内轴承的拆卸方法

2) 滚动轴承拆卸注意事项

① 对于拆卸后还要重复使用的滚动轴承，拆卸时不能损坏滚动轴承的配合面。

② 不能将拆卸的作用力加在滚动体上，要将力作用在紧配合的套圈上。

③ 为了使拆卸后的滚动轴承能够按照原先的位置和方向进行安装，建议拆卸时对滚动轴承的位置和方向做好标记。

2. 滚动轴承的装配

1) 清洗滚动轴承

用汽油或煤油清洗，一手捏住轴承内圈，另一手慢慢转动外圈，如图 2-16 所示，直至轴承的滚动体、滚道、保持架、外圈上的油污完全洗掉。清洗好的轴承添加润滑剂后，应放在装配台上，下面垫以净布或纸垫，不允许直接用手拿，应戴手套或用净布将轴承包起后再拿，避免使轴承产生指纹锈；对两面带防尘盖或密封圈的轴承，因在制造时就已注入了润滑脂，故安装前不用进行清洗。

图 2-16 滚动轴承的清洗

2) 机械法安装滚动轴承

① 轴与轴承内圈紧配合时，用润滑油轻微润滑轴承的内孔与轴，轴承冲击套筒作用在轴承内圈上，如图 2-17（a）所示。

② 轴承外圈与轴承座孔紧配合时，用润滑油轻微润滑轴承的外圆表面和轴承座孔表面，轴承冲击套筒作用在轴承外圈上，如图 2-17（b）所示。

③ 轴承内外圈与轴和座孔都是紧配合时，用润滑油轻微润滑轴承的内孔与轴，以及轴承的外圆表面和轴承座孔表面，轴承冲击套筒同时作用在轴承的内外圈上，如图 2-17（c）所示。

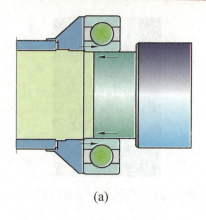 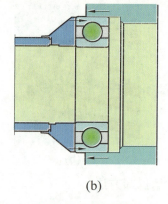 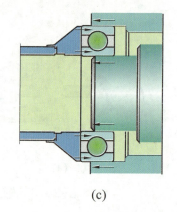

(a)　　　　　　　　　　　(b)　　　　　　　　　　　(c)

图 2-17　滚动轴承的安装方法

3）滚动轴承安装注意事项

①滚动轴承上标有代号的端面应装在可见的方向，以便更换时查对。

②轴承装配在轴上和壳体孔中后，应没有歪斜现象。

③在同轴的两个轴承中，必须有一个可以随轴热胀时产生轴向移动。

④装配后的轴承，必须运转灵活，噪声小，工作温度一般不宜超过65℃。

三、滚动轴承的间隙及调整

1. 滚动轴承的间隙

将轴承的一个套圈（内圈或外圈）固定，另一套圈沿径向或轴向的最大活动量便是间隙，如图 2-18 所示。滚动轴承间隙分径向和轴向间隙两类。径向的最大活动量称为径向间隙，轴向的最大活动量称为轴向间隙。两类间隙之间存在正比关系：一般来说，径向间隙越大，则轴向间隙也越大；反之，径向间隙越小，则轴向间隙也越小。

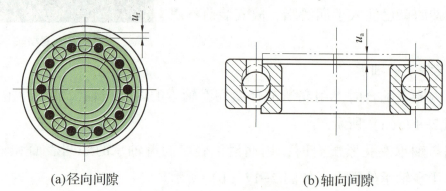

(a)径向间隙　　　　　　　　　(b)轴向间隙

图 2-18　滚动轴承的间隙

1）轴承的径向间隙

轴承径向间隙的大小，一般作为衡量轴承旋转精度的一项重要指标。由于轴承所处的状态不同，径向间隙分为原始间隙、配合间隙和工作间隙。原始间隙是轴承在未安装前自由状态下的间隙。配合间隙是轴承装配到轴上和轴承座内的间隙，其间隙大小由过盈量决定。工作间隙是轴承在工作时，因内、外圈的温度差而使配合间隙减小，又因工作负荷作用，使滚动体与套圈产生弹性变形而使间隙增大。工作间隙一般大于配合间隙。

2）轴承的轴向间隙

一些轴承由于结构上的特点或为了提高旋转精度，减小或消除径向间隙，必须在装配或使用过程中，通过调整轴承内、外圈的相对位置来确定其轴向间隙。

2. 滚动轴承间隙的调整

轴承间隙过大，将使用同时承受负荷的滚动体数量减少，从而使轴承寿命降低。同时，还将降低轴承的旋转精度，引起振动和噪声，负荷有冲击时这种影响尤为显著。轴承间隙过小，则易引起发热和磨损，也会降低轴承的使用寿命。因此，按工作状态选择适当的间隙，是保证轴承正常工作、延长其使用寿命的重要措施之一。

轴承在装配过程中，控制和调整间隙的方法为先使轴承预紧，间隙为零，再将轴承的内圈或外圈作适当的相对轴向位移，其位移量即为轴向间隙值。

3. 滚动轴承的预紧

在装配角接触球轴承或深沟球轴承时，如果给轴承内、外圈以一定的轴向负荷，则内、外圈将发生相对位移，消除内、外圈与滚动体的间隙，产生了初始的弹性变形，从而提高轴承的旋转精度和使用寿命，减少了轴的振动。

1）轴承的预紧方法

①用轴承内、外垫圈的厚度差实现预紧。图2-19所示为角接触球轴承，使用不同厚度的垫圈能得到不同的预紧力。同理，也可以用长短隔套来预紧，如图2-20所示。

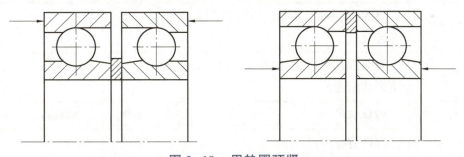

图2-19 用垫圈预紧

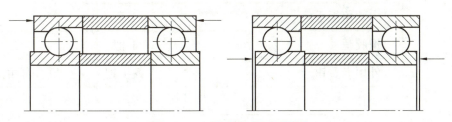

图2-20 用长短隔套预紧

②磨窄两轴承的内圈或外圈或用夹紧一对圆锥滚子轴承实现预紧。如图2-21（a）、图2-21（b）所示，当磨窄内圈或外圈时，即可实现预紧；图2-21（c）所示为夹紧一对圆锥滚子轴承来实现预紧。

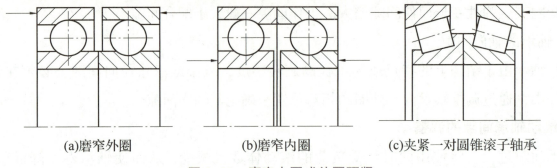

(a) 磨窄外圈　　　　　(b) 磨窄内圈　　　　　(c) 夹紧一对圆锥滚子轴承

图 2-21　磨窄内圈或外圈预紧

③调节轴承锥形孔内圈的轴向位置实现预紧。拧紧螺母可以使锥形孔内圈向轴颈大端移动，从而使内圈的直径增大，形成预加负荷。

2) 预紧轴承时的注意事项

利用垫圈或隔套预紧轴承时，必须先测出轴承在给定的预紧力下，其内、外圈的位移量，以确定垫圈或内、外隔套的厚度。在装配前，可用百分表、量块等量具测出位移量。

任务准备

完成该任务需要准备的实训物品如表 2-5 所示。

表 2-5　实训物品清单

序号	实训资源	种类	数量	备注
1	装配操作平台	THMDZT-1 型机械装调技术综合实训装置	1 套	
2	参考资料	《THMDZT-1 型机械装调技术综合实训装配图》	1 套	
3	工具和量具	游标卡尺	1 把	300mm
		深度游标卡尺	1 把	
		杠杆式百分表	1 套	0.8mm，含小磁性表座
		内六角扳手	1 套	
		橡胶锤	1 把	
		外用卡簧钳	各 1 把	直角、弯角
		垫片	若干	
		除锈剂	若干	
		纯铜棒	1 根	
		轴承冲击套筒	1 把	

续表

序号	实训资源	种类	数量	备注
4	附具	零件盒	2个	
		防锈油	若干	
		抹布	若干	
		毛刷	1把	

任务实施

1. 清理

安装前须清除安装表面上的毛刺、伤痕及污物，清洗擦拭零件上的防锈油及污渍。

2. 角接触轴承间隙调整

①将角接触轴承放入游隙测量工装，用杠杆百分表测量轴承内外圈的高度差得两轴承的间隙值为 $k1$ 和 $k2$，如图 2-22 所示。

图 2-22 角接触轴承间隙检测

②用深度游标卡尺测量轴承座套的深度为 a；游标卡尺测量角接触轴承的厚度为 b；测量端盖止口的高度为 c。

则角接触轴承外隔圈的厚度 $d \geqslant a-2\times b-c$；根据图纸两角接触轴承为背靠背装配，故内隔圈的厚度 $e=d-k1-k2$。

3. 装配轴承

将两个角接触轴承（按背靠背的装配方法）安装在轴上，中间加轴承内、外隔圈。安装轴承座套和轴承透盖，轴承座套和轴承透盖之间通过测量增加厚度最接近的青稞纸，如图 2-11 所示。

任务评价

理论知识主要通过学生作业形式进行个人评价、小组互评和教师评价。实践操作则通过项目任务，根据学生的完成情况进行评价，见表 2-6。

表 2-6　任务评价记录表

评价项目	评价内容	分值	个人评价	小组互评	教师评价	得分
理论知识	了解轴承的分类	10				
	掌握滚动轴承的工作形式	10				
	掌握滚动轴承的装调过程	10				
实践操作	会对滚动轴承进行调整	10				
	学会滚动轴承的装调	15				
	掌握滚动轴承的装调步骤	15				
操作规范	遵守操作规程	5				
	职业素质规范化养成	5				
学习态度	考勤情况	5				
	遵守学习纪律	5				
	团队合作	10				
	合计	100				
成果分享	收获					
	不足					
	改进措施					

思考与练习

1. 滚动体的形状有哪些？
2. 简述轴承的预紧方法。
3. 简述滚动轴承的装配方法。
4. 简述滚动轴承装拆时的注意事项。

模块二 变速箱的装配与调整 39

 变速箱精度的检测与调整

 任务目标

【知识目标】
1. 识读装配图，通过装配图了解零部件之间的结构。
2. 正确选用工具，用合理、正确的方法拆卸变速箱。
3. 制定合理的变速箱装配工艺。

【技能目标】
1. 掌握变速箱箱体的装配方法，能够根据机械设备的技术要求，按工艺过程进行装配，并达到技术要求。
2. 通过变速箱空运转实验，能对常见故障能进行判断分析。

【素养目标】
1. 具有安全文明生产和遵守操作规程的意识。
2. 具有人际交往和团队协作能力。

 任务描述

根据附图 2 变速箱装配图，选用合适的工具、量具，进行变速箱的安装与调整，如图 1-4 所示，并达到以下要求。

①能够读懂变速箱的部件装配图。通过装配图，能够清楚零件之间的装配关系、机构的运动原理及功能。理解图纸中的技术要求，基本零件的结构装配方法，轴承、齿轮精度的调整等。

②能够规范合理地写出变速箱的装配工艺过程。

③轴承的装配。轴承的清洗（一般用柴油、煤油）；规范装配，不能盲目敲打（通过钢套，用锤子均匀地敲打）；根据运动部位要求加入适量润滑脂。

④齿轮的装配。齿轮的定位可靠，以承担负载、移动齿轮的灵活性。圆柱啮合齿轮的啮合齿面宽度（即两个齿轮的错位）不超过 5%。

⑤装配的规范化。装配顺序要合理；传动部件要主次分明；特定运动部件要保持润滑；啮合部件间隙的调整。

一、机床精度

机床的精度是指机床主要部件的形状、相互位置及相对运动的精确程度,包括几何精度、传动精度、运动精度、定位精度及精度保持性等几个方面。各类机床按精度可分为普通精度级、精密级和高精度级。

1. 几何精度

几何精度是指机床空载条件下,在不运动(机床主轴不转或工作台不移动等情况下)或运动速度较低时各主要部件的形状、相互位置和相对运动的精确程度。如导轨的直线度、主轴径向跳动及轴向窜动、主轴中心线对滑台移动方向的平行度或垂直度等。几何精度直接影响加工工件的精度,是评价机床质量的基本指标。它主要决定于结构设计、制造和装配质量。

2. 运动精度

运动精度是指机床的主要零部件以工作状态速度运动时的精度。如高速回转主轴的回转精度。对于高速精密的机床,运动精度是评价机床质量的一个重要指标。运动精度和几何精度是不同的,它还受到运动速度(转速)、运动件的重力、传动力和摩擦力的影响。运动精度与结构设计及制造等因素有关。

3. 传动精度

传动精度是指机床传动系统各末端执行件之间相对运动的协调性和准确度。这方面的误差就成为该传动链的传动误差,如车床在车削螺纹时,主轴每转一转,刀架的移动量应等于螺纹的导程。但实际上,由于主轴与刀架之间的传动链存在着误差,使刀架的实际移距与理论导程存在误差,这就是车床螺纹传动链的传动误差。传动精度由传动系统的设计、理想移距存在的误差、传动件的制造和装配精度等决定。

二、螺纹连接的装配

螺纹连接的装配要点如下。

①螺杆应不产生弯曲变形,螺钉头部、螺母底面应与连接件接触良好。

②被连接件应均匀受压,互相紧密贴合,连接牢固。

③成组螺栓或螺母拧紧时,应根据被连接件形状和螺栓的分布情况,按一定的顺序逐次(一般为2~3次)拧紧螺母,如图2-23所示。

模块二 变速箱的装配与调整

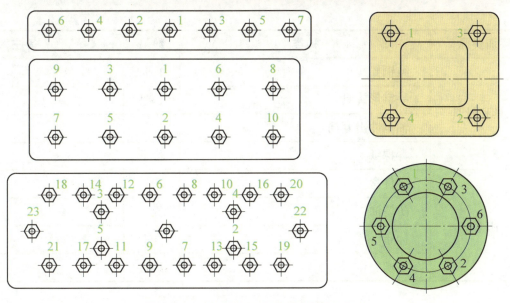

图 2-23 拧紧成组螺栓或螺母的顺序

 任务准备

完成该任务需要准备的实训物品如表 2-7 所示。

表 2-7 实训物品清单

序号	实训资源	种类	数量	备注
1	装配操作平台	THMDZT-1 型机械装调技术综合实训装置	1 套	
2	参考资料	《THMDZT-1 型机械装调技术综合实训装配图》	1 套	
3	工具和量具	游标卡尺	1 把	300mm
		深度游标卡尺	1 把	
		杠杆式百分表	1 套	0.8mm，含小磁性表座
		大磁性表座	1 个	
		塞尺	1 把	
		直角尺	1 把	
		内六角扳手	1 套	
		橡胶锤	1 把	
		圆螺母扳手	各 1 把	M16、M27 圆螺母用
		外用卡簧钳	各 1 把	直角、弯角
		垫片	若干	
		除锈剂	若干	

续表

序号	实训资源	种类	数量	备注
3	工具和量具	纯铜棒	1 根	
		一字形旋具	1 把	
		轴承冲击套筒	1 把	
		青稞纸	若干	
4	附具	零件盒	2 个	
		防锈油	若干	
		抹布	若干	
		毛刷	1 把	

任务实施

1. 清理

安装前须清除安装表面上的毛刺、伤痕及污物，清洗擦拭相关零件上的防锈油及污渍。

2. 装配变速箱

变速箱按箱体装配的方法进行装配，按从下到上的装配原则进行装配。

1）变速箱底板和箱体连接

用内六角螺钉（M8×25）加弹簧垫圈，将变速箱底板与箱体连接。如图 2-24 所示。

图 2-24 变速箱底板和箱体

2）安装固定轴

用轴承冲击套筒把深沟球轴承压装到固定轴一端，固定轴的另一端从变速箱箱体的相应内孔中穿过，把第一个键槽装上键，安装上齿轮，装好齿轮套筒；再把第二个键槽装上键并装上齿轮，装紧两个圆螺母（双螺母锁紧），挤压深沟球轴承的内圈把轴承安装在轴上；最后打上两端的闷盖，闷盖与箱体之间通过测量增加青稞纸，游动端一端不用测量直接增加 0.3mm 厚的青稞纸，如图 2-25 所示。

3) 主轴的安装

将两个角接触轴承（按背靠背的装配方法）安装在轴上，中间加轴承内、外圈套筒。安装轴承座套和轴承透盖，轴承座套和轴承透盖之间通过测量增加厚度最接近的青稞纸。将轴端挡圈固定在轴上，按顺序安装四个齿轮和齿轮中间的齿轮套筒后，装紧两个圆螺母，轴承座套固定在箱体上，挤压深沟球轴承的内圈，把轴承安装在轴上，装上轴承闷盖，闷盖与箱体之间增加0.3mm厚度的青稞纸，套上轴承内圈预紧套筒。最后通过调整圆螺母来调整两角接触轴承的预紧力，如图2-26所示。

图2-25 固定轴　　　　　　　图2-26 主轴

4) 花键导向轴的安装

把两个角接触轴承（按背靠背的装配方法）安装在轴上，中间加轴承内、外圈套筒，并安装轴承座套和轴承透盖。轴承座套与轴承透盖之间通过测量添加厚度最接近的青稞纸。然后安装滑移齿轮组，将轴承座套固定在箱体上，挤压轴承的内圈把深沟球轴承安装在轴上，装上轴用弹性挡圈和轴承闷盖，闷盖与箱体之间增加0.3mm厚度的青稞纸。套上轴承内圈预紧套筒，最后通过调整圆螺母来调整两角接触轴承的预紧力，如图2-27所示。

图2-27 花键导向轴的安装

5) 滑块拨叉的安装

把拨叉安装在滑块上，安装滑块滑动导向轴，装上$\phi 8$的钢球，放入弹簧，盖上弹簧顶盖，装上滑块拨杆和胶木球，如图2-28所示。调整两滑块拨叉的左右距离来调整齿轮的错位，如图2-29所示。

图2-28 滑块拨杆和胶木球　　　　　　　图2-29 滑块拨叉和滑块

6)完成变速箱的安装

完成安装,并装上保护盖,如图 2-30 所示。

图 2-30 变速箱完成安装

 变速箱的拆卸(一)　 变速箱的拆卸(二)

 变速箱的安装与调试

任务评价

理论知识主要通过学生作业形式进行个人评价、小组互评和教师评价。实践操作则通过项目任务,根据学生的完成情况进行评价,见表 2-8。

表 2-8 任务评价记录表

评价项目	评价内容	分值	个人评价	小组互评	教师评价	得分
理论知识	了解变速箱的作用	5				
	掌握变速箱的主要功能	10				
	读懂变速箱的部件装配图	10				
	确定变速箱装配工艺顺序	10				
实践操作	能够进行变速箱部件装配,并达到技术要求	10				
	进行变速箱设备空运转试验	10				
	对变速箱常见故障进行判断	10				
安全文明	遵守操作规程	5				
	职业素质规范化养成	5				
	7S 整理	5				
学习态度	考勤情况	5				
	遵守学习纪律	5				
	团队合作	10				

续表

评价项目	评价内容	分值	个人评价	小组互评	教师评价	得分
	合计	100				
成果分享	收获					
	不足					
	改进措施					

思考与练习

1. 简述变速箱的装配顺序。
2. 变速箱装配前应注意哪些问题?
3. 写出变速箱部件的装配工艺及其使用的工具、量具。

模块三　二维工作台的装配与调整

二维工作台主要由直线导轨、滚珠丝杠等组成，广泛地应用于各种精密仪器、自动化、各种动力传输、医疗和航天等产业上，其装配图如附图3所示，实物图如图1-6所示。

任务一　直线导轨的装配与调整

任务目标

【知识目标】
1. 了解直线导轨的工作原理与应用场合。
2. 掌握直线导轨的安装技术要求。
3. 掌握直线导轨的调整技术要求。

【技能目标】
1. 能够独立完成直线导轨的安装与调整。
2. 能正确使用和维护直线导轨。

【素养目标】
1. 具有安全文明生产和遵守操作规程的意识。
2. 具有人际交往和团队协作能力。

任务描述

选用适合的工具和量具,对图 3-1 中的直线导轨进行装配与调整作业,达到两直线导轨平行度误差≤0.02mm 的要求。

图 3-1 直线导轨的装配

二维的拆卸

直线导轨副的安装与调试

知识储备

一、直线导轨简介

1. 导轨概述

导轨是机械的关键部件之一,它可以使机器上的零部件沿着固定的轨迹执行直线运动。例如,铁路铁轨就是一种导轨,火车只可沿着铁轨进行运动。导轨性能好坏将直接影响机械的工作质量、承载能力和使用寿命。在导轨副中,运动部件(如工作台)上的导轨为短导轨,称作动导轨;固定部件(如床身、机架)上的导轨为长导轨,称作支撑导轨。

2. 直线导轨与分类

直线导轨可分为方形滚珠直线导轨、双轴心滚轮直线导轨和单轴心直线导轨。直线导轨又称线轨、滑轨、线性导轨、线性滑轨,用于直线往复运动场合,具有比直线轴承更高的额定负载,同时可以承受一定的转矩,可在高负载的情况下实现高精度的直线运动。

直线运动导轨的作用是支承和引导运动部件,使其按给定方向做往复直线运动。根据摩擦性质的不同,直线导轨又可以分为滑动摩擦导轨、滚动摩擦导轨、弹性摩擦导轨、液体摩擦导轨等。

3. 直线导轨的工作原理及应用场合

直线导轨的材料为淬硬钢,经精磨后置于安装平面上。直线导轨横截面的几何形状比平面导轨复杂,其原因是直线导轨上需要加工出沟槽,以利于滑动原件的移动,沟槽的形状和数量取决于机床需要完成的功能。直线导轨的移动元件和固定元件之间不使用中间介质,而使用滚动钢球。因为滚动钢球适用于高速运动,其摩擦因数小、灵敏度高,可满足运动部件的工作要求，如机床的刀架、滑板等。机床的工作部件移动时，钢球就在支架沟槽中循环流动，把支架的磨损量分摊到各个钢球上，从而延长直线导轨的使用寿命。为了消除支架与导轨之间的间隙，可预加负载来提高导轨系统的稳定性，预加负载的获得方式是在导轨和支架之间安装超尺寸的钢球。

直线导轨的工作原理可以理解为一种滚动引导，即由钢球在滑块与导轨之间无限滚动循环，使负载平台能够沿着导轨做高精度的线性运动，并将摩擦因数降至传统滑动导引的1/50，从而轻易地达到很高的定位精度。

4. 直线导轨的特点

直线导轨有球轴承（图3-2）和滚柱轴承（图3-3）两种。球轴承直线导轨相对滚柱轴承直线滚动导轨了具有摩擦小、速度高、工作条件相同时使用寿命长等优点，但其精度比滚柱轴承直线滚动导轨低，承载能力不大。

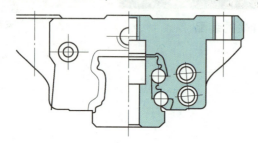

图3-2　球轴承直线滚动导轨副

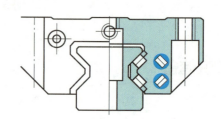

图3-3　滚柱轴承直线滚动导轨副

球轴承直线滚动导轨应用于激光或水射流切割机、送料机构、打印机、测量设备、机器人、医疗器械等。滚柱轴承直线滚动导轨应用于电火花线切割机床、数控机械、注塑机等。

直线滚动导轨的优点：使用寿命长；尺寸比较小；可以实现精确的直线运动（没有任何偏差）；滑块产生的摩擦非常小；滑块运行速度高；滑块可承受大的负荷（尤其是含圆柱滚子轴承的滑块）；可通过导轨的连接来增加长度；可以在几个方向上运行（水平、垂直、倾斜等）。

直线滚动导轨的缺点：价格比较贵；耐腐蚀能力较差；对安装的精度要求很高；因为用于密封导轨的螺钉上有防护条或防护塞，所以很难拆卸；滑块的终点处没有终点挡块，需要另行设计终点挡块以防止滑块滑出导轨。

二、直线导轨的连接

1. 导轨的长度

直线导轨均备有各种长度可供选择。通常各生产商供应的导轨的最大长度均不相同，但最长的导轨一般为3~4m。更长的导轨是分段供应的，可以把两根或多根短导轨接长成为长导轨，从而保证零件能产生较大的位移，以适应各种形成和用途的需要。

2. 导轨的连接

导轨的端面经过磨削加工而成，且都标有编号。只要把编号相同的端面连接起来，就可以获得长的导轨。如图 3-4 所示。

3. 导轨的对齐

各段导轨的对齐相当简单，利用夹紧件将量棒夹紧在导轨侧面上便能将直线导轨校直，如图 3-5 所示。量棒必须经过磨削从而达到非常高的直线度，否则，量棒的直线误差便会复制到导轨上。

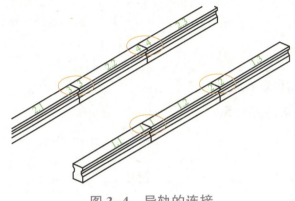

图 3-4　导轨的连接

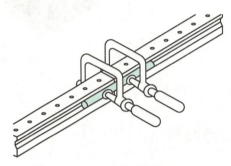

图 3-5　导轨的对齐

三、直线导轨的校准

所有需要高精度运行的导轨均应安装得非常精确。一般采用两根导轨，这样工作台运行起来比较稳定。但两根导轨必须相互平行，如图 3-6 所示。而且，两根导轨必须在整个长度范围内具有相同的高度，如图 3-7 所示。

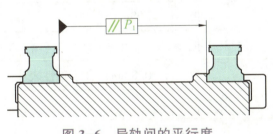

图 3-6　导轨间的平行度

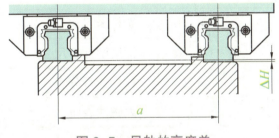

图 3-7　导轨的高度差

如果平行度或高度差达不到要求，将会使导轨的运行受到影响。允许误差的大小与导轨的尺寸有关，但一般不超过几个微米。当误差超过要求时，导轨的工作温度就会上升，加剧导轨磨损，而滑块的运行则会变得不灵活，甚至还会出现卡死的现象。

四、柔性防护罩

直线滚动导轨有各种不同的宽度。宽的导轨上常常覆盖着柔性防护罩。当两根导轨安装很近时也常常使用柔性防护罩，如图 3-8 所示。

柔性防护罩用来防止灰尘、污染物进入导轨。在金属切削机床、测量设备、医疗设备等设备中常常使用柔性防护罩。

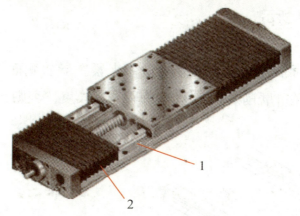

图 3-8　柔性防护罩的应用

1—导轨；2—柔性防护罩

 任务准备

完成该任务需要准备的实训物品如表 3-1 所示。

表 3-1　实训物品清单

序号	实训资源	种类	数量	备注
1	装配操作平台	THMDZT-1 型机械装调技术综合实训装置	1 套	
2	参考资料	《THMDZT-1 型机械装调技术综合实训装配图》	1 套	
3	工具和量具	游标卡尺	1 把	300mm
		深度游标卡尺	1 把	
		杠杆式百分表	1 套	0.8mm，含小磁性表座
		大磁性表座	1 个	
		塞尺	1 把	
		直角尺	1 把	
		内六角扳手	1 套	
		橡胶锤	1 把	
		圆螺母扳手	各 1 把	M16、M27 圆螺母用
		外用卡簧钳	各 1 把	直角、弯角
		垫片	若干	
		除锈剂	若干	
		纯铜棒	1 根	
		一字形旋具	1 把	

续表

序号	实训资源	种类	数量	备注
4	附具	零件盒	2个	
		防锈油	若干	
		抹布	若干	
		毛刷	1把	

任务实施

1. 清理

安装前须清除安装表面上的毛刺、伤痕及污物，清洗擦拭滚动导轨上的防锈油，如图3-9所示。防锈油除掉后，基准面容易生锈，推荐涂抹黏度低的主轴用润滑油来防锈。

2. 对齐基准

（1）将轨道轻轻地放置在底座上，不完全锁紧装配螺钉，按照导轨安装孔中心到基准面A的距离要求用深度游标卡尺测量，调整直线导轨与导轨定位基准块之间的调整垫片使之达到图纸要求。如图3-10所示。

图3-9 清理安装面

（2）使用干净的装配螺钉固定滚动导轨。在将装配螺钉插入导轨的安装孔时，要事先确认螺钉孔是否吻合，如图3-11所示。如果螺钉孔不吻合却强行拧入螺钉，则会降低精度。

图3-10 将导轨对上基准面

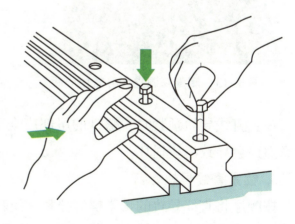

图3-11 确认螺钉孔是否吻合

3. 检测并调整导轨与基准面的平行度

将杠杆式百分表吸在直线导轨的滑块上，百分表的测量头接触在基准面A上，沿直线导轨滑动滑块，通过橡胶锤调整导轨，同时增减调整垫片的厚度，使得导轨与基准面之间的平行度符合要求，将导轨固定在底板上，并压紧导轨定位装置。如图3-12所示。

注：后续的安装工作均以该直线导轨为安装基准（以下称该导轨为基准导轨）。

图 3-12　测量并调整导轨与基准面的平行度

4. 测量并调整两导轨的中心距

将另一根直线导轨放到底板上，用内六角螺钉预紧此导轨，用游标卡尺测量两导轨之间的距离，通过调整导轨与导轨定位基准块之间的调整垫片，将两导轨的距离调整到所要求的距离。如图 3-13 所示。

5. 测量并调整两导轨的平行度

以底板上安装好的导轨为基准，将杠杆式百分表吸在基准导轨的滑块上，百分表的测量头接触在另一根导轨的侧面，沿基准导轨滑动滑块，通过橡胶锤调整导轨，同时增减调整垫片的厚度，使两导轨平行度符合要求，将导轨固定在底板上，并压紧导轨定位装置。如图 3-14 所示。

图 3-13　测量并调整两导轨中心距　　　　图 3-14　测量并调整两导轨的平行度

注：直线导轨预紧时，螺钉的尾部应全部陷入沉孔，否则拖动滑块时螺钉尾部与滑块发生摩擦，会导致滑块损坏。

6. 锁紧直线导轨螺钉

按顺序将直线导轨的锁紧螺钉拧紧，使轨道与横向安装面靠紧，如图 3-15 所示。使用扭力扳手，将装配螺钉按规定的力矩从中央位置向轴端部依次拧紧，这样可获得稳定的精度，如图 3-16 所示。其余的导轨也按同样的方法安装，直到全部安装完成。

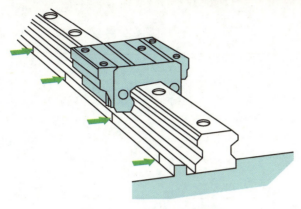
图 3-15 拧紧锁紧螺钉

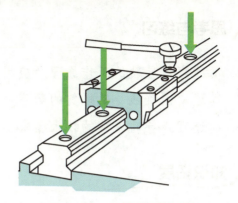
图 3-16 拧紧装配螺钉

任务评价

理论知识主要通过学生作业形式进行个人评价、小组互评和教师评价。实践操作则通过项目任务，根据学生的完成情况进行评价，见表3-2。

表 3-2 任务评价记录表

评价项目	评价内容	分值	个人评价	小组互评	教师评价	得分
理论知识	直线导轨的工作原理	10				
	直线导轨的调整要求与方法	10				
	直线导轨的装调	10				
实践操作	直线导轨装调操作	10				
	导轨装调精度检查	10				
	滚珠滑块运行	10				
操作规范	遵守操作规程	10				
	职业素质规范化养成	10				
学习态度	考勤情况	5				
	遵守学习纪律	5				
	团队合作	10				
	合计	100				
成果分享	收获					
	不足					
	改进措施					

思考与练习

1. 简述直线导轨的工作原理及应用场合。
2. 简述紧固直线导轨螺钉的顺序。
3. 简述直线导轨安装的技术要求。

知识拓展

认识三坐标测量机的导轨结构

导轨是保证机器平稳、高精度运动的关键。导轨的类型包括气浮导轨和直线滚珠导轨。气浮导轨根据形状又可分为矩形导轨、三角形导轨、燕尾形导轨。

气浮导轨工作原理是利用空气轴承小孔节流形成气腔内的高压，使其在导轨和空气轴承间形成具有一定承载能力和刚性的薄膜，如图3-17所示。其具有无摩擦及无磨损等优点。由于分布的压力气体对轴承及导轨表面缺陷具有平均效应，其运动的局部直线度及角度摆动能较小，精度较高的测量机一般采用气浮导轨。

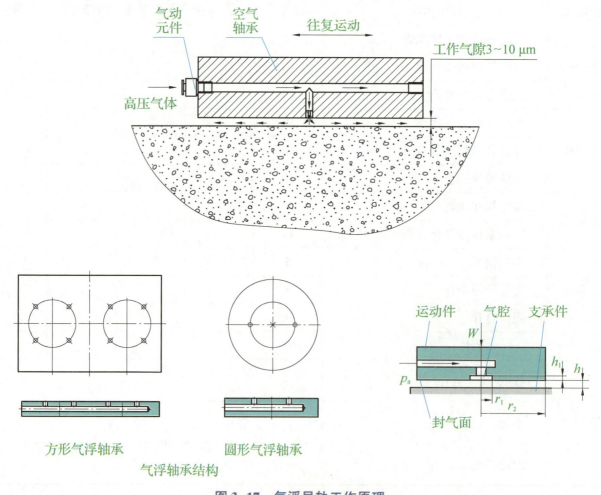

图 3-17 气浮导轨工作原理

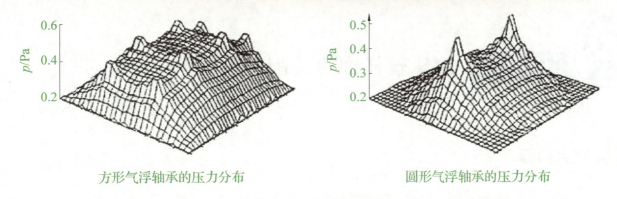

方形气浮轴承的压力分布　　　　　　　　圆形气浮轴承的压力分布

气浮轴承区域压力分布

图 3-17（续）　气浮导轨工作原理

燕尾形导轨具有倾斜放置的气垫，使其具有刚性更强、测量空间更容易接近、上下料方便等优点。三坐标测量机采用的燕尾形导轨如图 3-18 所示。

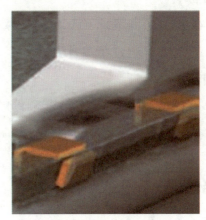

(a) PMM-C 主导轨　　　　　　　　(b) GLOBAL 主导轨

图 3-18　三坐标测量机采用的燕尾形导轨

三角形导轨具有以下优点：优化的稳定性质量比；在同等高度下，较传统桥架轴承分布宽 43%；在同等轴承分布宽度情况下，重量减轻 24%，重心降低 50%。这样使得三坐标测量机速度更高、热稳定性更好，如图 3-19 所示。

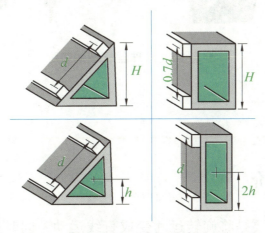

图 3-19　三角形导轨

任务二　滚珠丝杠副的装配与调整

任务目标

【知识目标】

1. 了解滚珠丝杠副的工作原理与应用场合。
2. 掌握滚珠丝杠副的安装技术要求。
3. 掌握滚珠丝杠的调整技术要求。

【技能目标】

1. 能够独立完成滚珠丝杠副的安装与调整。
2. 能正确使用和维护滚珠丝杠。

【素养目标】

1. 具有安全文明生产和遵守操作规程的意识。
2. 具有人际交往和团队协作能力。

任务描述

选用适合的工具和量具，对图 3-20 滚珠丝杠副进行装配与调整作业，达到预期的工作要求。

图 3-20　滚珠丝杠副的装配

丝杠的安装

丝杠的调试

知识储备

一、滚珠丝杠副简介

滚珠丝杠副传动机构主要是将旋转运动变成直线运动，同时进行能量和动力的传递，或用于调整零件的相互位置。其特点是传动精度高、工作平稳、无噪声、易于自锁、能传递较大的力，故在机械传动中应用广泛，如车床的纵、横向进给机构，钳工的台虎钳等。

二、滚珠丝杠副的结构

1. 滚珠丝杠副的组成

滚珠丝杠副由螺母、丝杠、滚珠等组成，如图3-21所示。

2. 滚珠的循环方式

常用的滚珠循环方式有外循环（图3-22）和内循环（图3-23）两种。

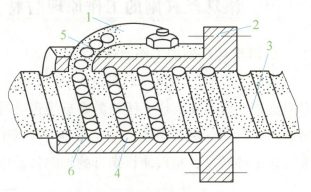

图3-21 滚珠丝杠副的结构

1—反向器；2—螺母；3—丝杠；
4—滚珠；5—外滚道；6—内滚道

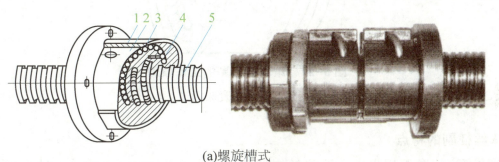

(a)螺旋槽式

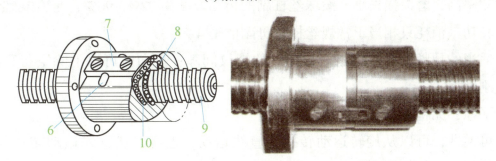

(b)插管式

图3-22 外循环示意图

1—套筒；2—螺母；3，10—滚珠；4—挡珠器；5，9—丝杠；6—弯管；7—压板；8—滚道

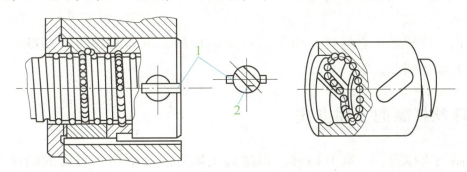

图3-23 内循环示意图

1—凸键；2—反向器

三、滚珠丝杠副的工作原理与特点

1. 滚珠丝杠副的工作原理

滚珠丝杠副的工作原理如图3-24所示。在丝杠4和螺母1上都有半圆弧形的螺旋槽，将它们套在一起时便形成了滚珠的螺母滚道。螺母上有滚珠回道3，将几圈螺母滚道的两端连接起来构成封闭的循环滚道，并在滚道内装满滚珠2。当丝杠旋转时，滚珠在滚道内既自转又沿滚道作循环转动，从而使得螺母的轴向移动基本上是滚动摩擦。

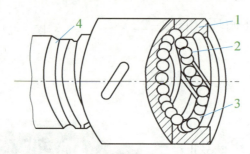

图3-24 滚珠丝杠副的工作原理
1—螺母；2—滚珠；3—滚珠回道；4—丝杠

2. 滚珠丝杠副的特点

①传动效率高，磨损损失小。滚珠丝杠副的传动效率为92%~96%，是常规螺母副的3~4倍。因此，其功率消耗只相当于常规丝杠螺母副的1/4~1/3。

②给予适当的预紧，可消除丝杠和螺母的螺纹间隙；反向时可以消除空行程死区，故定位精度高、刚性好。

③运行平稳，无爬行现象，传动精度高。

④具有可逆性，可以从旋转运动转换为直线运动，也可以从直线运动转换为旋转运动，即丝杠和螺母都可以作为主动件。

⑤磨损小，使用寿命长。

⑥制造工艺复杂，成本高。滚珠丝杠和螺母等原件的加工精度要求高，表面粗糙度值小，故制造成本高。

⑦不能自锁。特别是垂直丝杠，由于其自重的作用，下降时在传动切断后，不能立即停止运动，故需要添加制动装置。

四、滚珠丝杠副的支撑方式

滚珠丝杠副的支撑方式主要有四种，根据其支撑方式的不同，容许的轴向载荷及回转速度也有所不同。

1. 固定—固定支撑方式

适用于高转速、高精度场合，如图3-25所示。

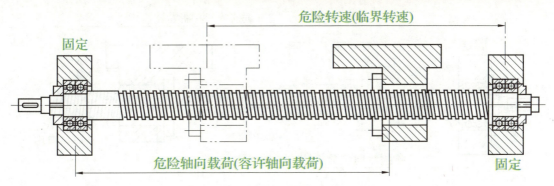

图 3-25 固定—固定支撑方式

2. 固定—支承支撑方式

适用于中等转速、高精度场合，如图 3-26 所示。

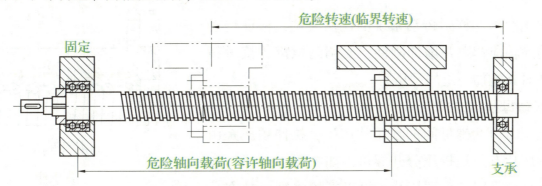

图 3-26 固定—支承支撑方式

3. 支承—支承支撑方式

适用于中等转速、中等精度场合，如图 3-27 所示。

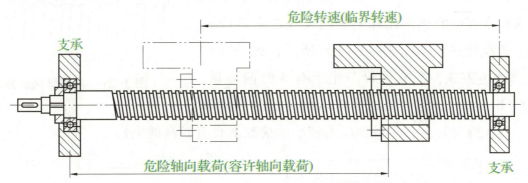

图 3-27 支承—支承支撑方式

4. 固定—自由支撑方式

适用于低转速、中等精度，短轴丝杠，如图 3-28 所示。

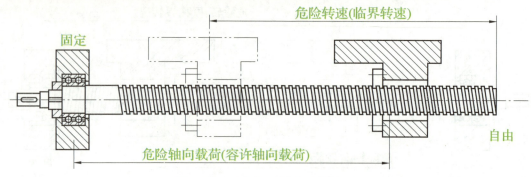

图 3-28 固定—自由支撑方式

五、滚珠丝杠副的预压方式

为防止滚珠丝杠副传动系统的任何失位，保证传动精度，消除轴向背隙并增加刚性，要调高螺母的接触精度，必须对其施加一定的预压力。

1. 双螺母预压方式

此预压力由两螺母间的预压片产生，拉伸预压是由过大的预压片有效地挤压分开螺母，如图 3-29（a）所示；压缩预压是用过小预压片，再以螺栓将螺母拉在一起，如图 3-29（b）所示。

2. 单螺母预压方式

单螺母有两种预压方式：一种称为增大钢珠直径预压方式，这种方式中的钢珠比珠槽空间大（过大钢珠），使钢珠产生四点接触，如图 3-30（a）所示；另一种称为变位导程预压方式，其在螺母节距上有δ的偏移量，如图 3-30（b）所示，这种方式用来取代传统的双螺母预压方式，其在螺母长度较短及预压力较小的情况下具有较高的刚性。

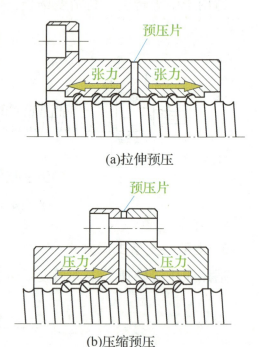

图 3-29 双螺母预压方式

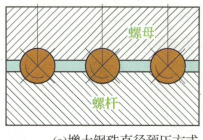

(a)增大钢珠直径预压方式

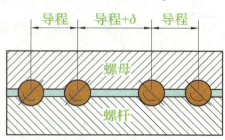

(b)变位导程预压方式

图 3-30 单螺母预压方式

任务准备

完成该任务需要准备的实训物品如表3-3所示。

表3-3 实训物品清单

序号	实训资源	种类	数量	备注
1	装配操作平台	THMDZT-1型机械装调技术综合实训装置	1套	
2	参考资料	《THMDZT-1型机械装调技术综合实训装配图》	1套	
3	工具和量具	游标卡尺	1把	300mm
		深度游标卡尺	1把	
		杠杆式百分表	1套	0.8mm，含小磁性表座
		大磁性表座	1个	
		塞尺	1把	
		直角尺	1把	
		内六角扳手	1套	
		橡胶锤	1把	
		圆螺母扳手	各1把	M16、M27圆螺母用
		外用卡簧钳	各1把	直角、弯角
		垫片	若干	
		除锈剂	若干	
		纯铜棒	1根	
		一字形旋具	1把	
4	附具	零件盒	2个	
		防锈油	若干	
		抹布	若干	
		毛刷	1把	

任务实施

1. 清理

安装前须清除安装表面的毛刺、伤痕及污物，清洗擦拭滚动丝杠零件上的防锈油。

2. 装配螺母支座

用M6×20的内六角螺钉（加φ6平垫片、弹簧垫圈）将螺母支座固定在丝杠的螺母上，如图3-31所示。

3. 装配轴承

利用轴承安装工具铜棒、卡簧钳等，将端盖、轴承内隔圈、轴承外隔圈、角接触轴承、φ15轴用卡簧、轴承6202分别安装在丝杠的相应位置，装配时轴承内圈涂抹润滑油，如图3-32所示。

注：为了控制两角接触轴承的预紧力，轴承及轴承内、外隔圈应经过测量。

图3-31 装配螺母支座

图3-32 装配轴承

4. 装配轴承座

将轴承座分别安装在丝杠上，装配时轴承座孔涂抹润滑油，用M4×10内六角螺钉固定相应端盖，如图3-33所示。

注：通过测量轴承座与端盖之间的间隙，选择相应的调整垫片。

图3-33 装配轴承座

5. 固定滚珠丝杠

用M6×30内六角螺钉（加φ6平垫片、弹簧垫圈）将轴承座预紧在底板上。在丝杠主动端安装限位套管、M14×1.5圆螺母、齿轮、轴端挡圈、M4×10外六角螺钉和键，如图3-34所示。

6. 调整丝杠轴承座中心高

分别将丝杠螺母移动到丝杠的两端，用杠杆表判断两轴承座的中心高是否相等。通过在轴承座下加入相应的调整垫片，使两轴承座的中心高相等，如图3-35所示。

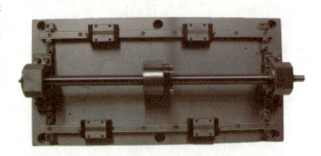

图3-34 固定滚珠丝杠

7. 调整丝杠与导轨平行

分别将丝杠螺母移动到丝杠的两端，同时将杠杆式百分表吸在直线导轨的滑块上，杠杆式百分表测量头接触在丝杠螺母上，沿直线导轨滑动滑块，通过橡胶锤调整轴承座，使丝杠与直线导轨平行，如图3-36所示。

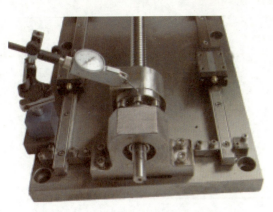

图 3-35　调整丝杠轴承座中心高

图 3-36　调整丝杠与导轨平行

注：滚珠丝杠的螺母禁止旋出丝杠，否则将导致螺母损坏。轴承的安装方向必须正确。

任务评价

理论知识主要通过学生作业形式进行个人评价、小组互评和教师评价。实践操作则通过项目任务，根据学生的完成情况进行评价，见表 3-4。

表 3-4　任务评价记录表

评价项目	评价内容	分值	个人评价	小组互评	教师评价	得分
理论知识	滚珠丝杠副的工作原理	10				
	滚珠丝杠副调整的要求与方法	10				
	滚珠丝杠副的装调过程	10				
实践操作	滚珠丝杠副装调操作	10				
	滚珠丝杠副装调精度检验	10				
	滚珠丝杠副试运行	10				
操作规范	遵守操作规程	10				
	职业素质规范化养成	10				
学习态度	考勤情况	5				
	遵守学习纪律	5				
	团队合作	10				
	合计	100				
成果分享	收获					
	不足					
	改进措施					

思考与练习

1. 简述滚珠丝杠副的工作原理及应用场合。
2. 滚珠丝杠副的安装技术要求有哪些？
3. 滚珠丝杠副的支承方式有哪几种？

知识拓展

认识三坐标测量机的滚珠丝杠结构

三坐标测量机电动机减速器输出轴通过联轴器与滚珠丝杠连接，滚珠丝杠螺母与运动物体连接，如图3-37所示。

三坐标测量机滚珠丝杠传动的特点：必须考虑减速器轴与丝杠的同轴度；滚珠丝杠与导轨的平行；滚珠丝杠螺母与运动物体的连接及干涉；螺母与丝杠间隙的调整影响测量机的动、静态性能包括摩擦力及回差，它的调整必须与控制系统配合，如图3-38所示。

滚珠丝杠传动的优点：很强的传动刚性，改变螺距可以改变速比。

滚珠丝杠传动的缺点：成本比较高，调试比较复杂，由于丝杠转动，不能太长，故只用于中小型机。

如 PMM-C 三坐标测量机全部采用滚珠丝杠传动。

图 3-37　三坐标测量机的滚珠丝杠机构

图 3-38　PMM-C 三坐标测量机

任务三　二维工作台精度的检测与调整

任务目标

【知识目标】

1. 熟悉图样和零件清单、装配任务。
2. 能够合理选择工具、量具。
3. 掌握二维工作台的安装与调整技术要点。

【技能目标】

1. 能够独立检查文件和零件的完备情况。
2. 能够综合运用二维工作台的安装与调整知识完成操作。

【素养目标】

1. 具有安全文明生产和遵守操作规程的意识。
2. 具有人际交往和团队协作能力。

任务描述

根据附图3二维工作台装配图,选用合适的工具、量具,进行二维工作台的安装与调整,并达到以下要求。

①直线导轨1与底板基准面A的平行度≤0.02mm;两直线导轨之间的平行度≤0.02mm。

②丝杠1与底板上表面平行度≤0.02mm,与直线导轨1的平行度≤0.02mm,相对两导轨的对称度≤0.05mm。

③中滑板的上表面与底板上表面的平行度≤0.04mm。

④直线导轨2中两导轨的平行度≤0.02mm,并与基准面B的平行度≤0.02mm。

⑤丝杠2与中滑板上表面的平行度≤0.02mm,与直线导轨2的平行度≤0.02mm,相对直线导轨2中两导轨的对称度≤0.05mm。

⑥上滑板的基准面C与底板基准面A的平行度≤0.02mm。

⑦安装调试后,工作台运行平稳,无爬行、卡死等现象。

 **任务准备**

完成该任务需要准备的实训物品如表 3-5 所示。

表 3-5 实训物品清单

序号	实训资源	种类	数量	备注
1	装配操作平台	THMDZT-1 型机械装调技术综合实训装置	1 套	
2	参考资料	《THMDZT-1 型机械装调技术综合实训装配图》	1 套	
3	工具和量具	游标卡尺	1 把	300mm
		深度游标卡尺	1 把	
		杠杆式百分表	1 套	0.8mm，含小磁性表座
		大磁性表座	1 个	
		塞尺	1 把	
		直角尺	1 把	
		内六角扳手	1 套	
		橡胶锤	1 把	
		圆螺母扳手	各 1 把	M16、M27 圆螺母用
		外用卡簧钳	各 1 把	直角、弯角
		垫片	若干	
		除锈剂	若干	
		纯铜棒	1 根	
		一字形旋具	1 把	
4	附具	零件盒	2 个	
		防锈油	若干	
		抹布	若干	
		毛刷	1 把	

 任务实施

1. 清理

安装前须清除安装表面的毛刺、伤痕及污物，清洗擦拭相关零件上的防锈油及污渍。

2. 安装中滑板

①将等高块分别放在直线导轨滑块上，将中滑板放在等高块上（侧面经过磨削的面朝向

操作者的左边），调整滑块的位置。用 M4×70 内六角螺钉（加 φ4 弹簧垫圈）将等高块、中滑板固定在导轨滑块上。

②用 M6×20 内六角螺钉将中滑板和 10 螺母支座预紧在一起。用塞尺测量丝杠螺母支座与中滑板之间的间隙大小，如图 3-39 所示。

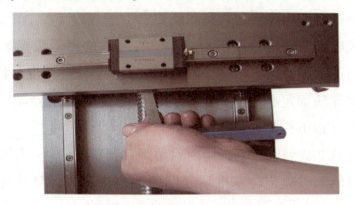

中滑板的安装

图 3-39　塞尺测量中滑板与丝杠螺母支座的间隙

③将 M4×70 的螺钉旋松，选择相应的调整垫片置于丝杠螺母支座与中滑板的间隙之中。

④将中滑板上的 M4×70 的螺栓预紧，用大磁性表座固定 90°角尺，使角尺的一边与中滑板左侧的基准面紧贴在一起。将杠杆式百分表吸附在底板上的合适位置，百分表触头打在角尺的另一边上，同时将手轮装在丝杠 2 上面。摇动手轮使中滑板左右移动，观察百分表的示数是否发生变化。如果百分表示数不发生变化，则说明中滑板上的导轨与底板的导轨已经垂直。如果百分表示数发生了变化，则用橡胶锤轻轻打击中滑板，使上下两层的导轨保持垂直，如图 3-40 所示。

图 3-40　测量导轨 1 与导轨 2 的垂直度

⑤将直线导轨 2 中的一根放到中滑板上,使导轨的两端靠在中滑板上的导轨定位基准块上（如果导轨由于固定孔位限制不能靠在定位基准块上,则在导轨与定位基准块之间增加调整垫片）,用 M4×16 的内六角螺钉预紧该直线导轨（加弹簧垫圈）。

⑥按照导轨安装孔中心到基准面 B 的距离要求（用深度游标卡尺测量）,调整直线导轨 2 与导轨定位基准块之间的调整垫片使之达到图纸要求。

⑦将杠杆式百分表吸在直线导轨 2 的滑块上,百分表的测量头接触在基准面 B 上,沿直线导轨 2 滑动滑块,通过橡胶锤调整导轨,同时增减调整垫片的厚度,使得导轨与基准面之间的平行度符合要求,将导轨固定在中滑板上,并压紧导轨的定位装置。后续的安装工作均以该直线导轨为安装基准（以下称该导轨为基准导轨）。

⑧将另一根直线导轨 2 放到底板上,用内六角螺钉预紧此导轨,用游标卡尺测量两导轨之间的距离,通过调整导轨与导轨定位基准块之间的调整垫片,将两导轨的距离调整到所要求的距离。

⑨以中滑板上安装好的导轨为基准,将杠杆式百分表吸在基准导轨的滑块上,百分表的测量头接触在另一根导轨的侧面,沿基准导轨滑动滑块,通过橡胶锤调整导轨,同时增减调整垫片的厚度,使得两导轨平行度符合要求,将导轨固定在中滑板上,并压紧导轨定位装置。

注：直线导轨预紧时,螺钉的尾部应全部陷入沉孔,否则拖动滑块时螺钉尾部与滑块发生摩擦,将导致滑块损坏。

3. 安装丝杠 2

安装方法与丝杠 1 一致。

4. 安装上滑板

①将等高块分别放在直线导轨滑块上,将中滑板放在等高块上（侧面经过磨削的面朝向操作者）,调整滑块的位置。用 M4×70（加 φ4 弹簧垫圈）将等高块、中滑板固定在导轨滑块上。

②用 M6×20 内六角螺钉将上滑板和螺母支座预紧在一起。用塞尺测量丝杠螺母支座与上滑板之间的间隙大小。

③将 M4×70 的螺钉旋松,选择相应的调整垫片加入丝杠螺母支座与上滑板之间的间隙之中。

④将上滑板上的 M4×70、M6×20 螺钉旋紧。

至此完成二维工作台的安装和调整,如图 3-1 所示。

上滑板的安装与调试

任务评价

理论知识主要通过学生作业形式进行个人评价、小组互评和教师评价。实践操作则通过项目任务,根据学生的完成情况进行评价,见表 3-6。

表 3-6 任务评价记录表

评价项目	评价内容	分值	个人评价	小组互评	教师评价	得分
理论知识	二维工作台的装配要点	10				
	二维工作台装配技术要求	10				
	二维工作台基本知识	10				
实践操作	滚珠丝杠副装调操作	10				
	直线导轨装调精度的检测	10				
	二维工作台试运行	10				
操作规范	遵守操作规程	10				
	职业素质规范化养成	10				
学习态度	考勤情况	5				
	遵守学习纪律	5				
	团队合作	10				
	合计	100				
成果分享	收获					
	不足					
	改进措施					

思考与练习

1. 二维工作台主要由哪些零部件构成？
2. 简述二维工作台的安装工艺及步骤。
3. 简述调整丝杠两端等高的方法及步骤。

模块四
间歇回转工作台的装配与调整

间歇回转工作台广泛应用于机械加工、组合机床及产品装配中，可以实现工件一次装夹后完成多个工作面的多工序同时加工，如图 1-7 所示为间歇回转工作台实物图，其装配图如附图 4 所示。

任务一　蜗轮蜗杆机构的装配与调整

 任务目标

【知识目标】
1. 了解蜗轮蜗杆机构的传动特点。
2. 掌握蜗轮蜗杆机构的安装技术要求。
3. 掌握蜗轮蜗杆机构的调整技术要求。

【技能目标】
1. 能够独立完成蜗轮蜗杆机构的安装与调整。
2. 能正确拆装圆锥滚子轴承。

【素养目标】
1. 具有安全文明生产和遵守操作规程的意识。
2. 具有人际交往和团队协作能力。

 任务描述

选用适合的工具和量具，对图 4-1 所示蜗轮蜗杆机构进行装配与调整作业，达到相应的技术要求。

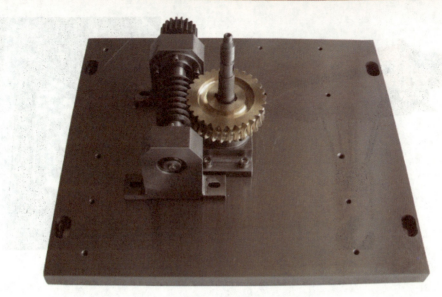

蜗轮蜗杆的安装与调试

图 4-1　蜗轮蜗杆机构

 知识储备

蜗轮蜗杆机构是利用蜗杆与啮合的蜗轮来传递运动和动力的一种机械传动机构。

1. 蜗轮蜗杆机构的结构

蜗轮蜗杆机构的结构如图 4-2 所示，由蜗杆、蜗轮、机架三部分构成，其中蜗杆是主动件带动蜗轮旋转。

图 4-2　蜗轮蜗杆机构的结构

2. 蜗轮蜗杆机构的特点

①传动平稳、噪声小；传动比大且准确；承载能力强，可以自锁。

②摩擦产生的热量大，效率低；蜗轮需要青铜等减摩材料制造，成本较高。

3. 蜗轮蜗杆机构的应用

蜗轮蜗杆机构中，只能是蜗杆带动蜗轮转动，而不能蜗轮带动蜗杆转动的自锁特性，使蜗轮蜗杆机构可应用于起重机（如图 4-3 所示）、电梯（如图 4-4 所示）等设备，防止失去动力时重物坠落。

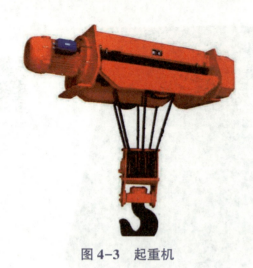
图 4-3　起重机

图 4-4　电梯

任务准备

完成该任务需要准备的实训物品如表 4-1 所示。

表 4-1　实训物品清单

序号	实训资源	种类	数量	备注
1	装配操作平台	THMDZT-1 型机械装调技术综合实训装置	1 套	
2	参考资料	《THMDZT-1 型机械装调技术综合实训装配图》	1 套	
3	工具和量具	游标卡尺	1 把	300mm
		内六角扳手	1 套	
		橡胶锤	1 把	
		圆螺母扳手	各 1 把	M16、M27 圆螺母用
		垫片	若干	
		除锈剂	若干	
		纯铜棒	1 根	
		一字形旋具	1 把	
4	附具	零件盒	2 个	
		防锈油	若干	
		抹布	若干	
		毛刷	1 把	

任务实施

1. 装配蜗杆

①用轴承装配套筒将蜗杆用轴承及圆锥滚子轴承内圈装在蜗杆的两端。

注：圆锥滚子内圈的方向。

②用轴承装配套筒将蜗杆用轴承及圆锥滚子轴承外圈分别装在两个轴承座（三）上，并把蜗杆轴轴承端盖（二）和蜗杆轴轴承端盖（一）分别固定在轴承座上。

注：圆锥滚子外圈的方向。

③将蜗安装在两个轴承座（三）上，并把两个轴承座（三）固定在分度机构用底板上。

④在蜗杆的主动端装入相应键，并用轴端挡圈将小齿轮（二）固定在蜗杆上。

2. 装配蜗轮

①将蜗轮蜗杆用透盖装在蜗轮轴上，用轴承装配套筒将圆锥滚子轴承内圈装在蜗轮轴上。

②用轴承装配套筒将圆锥滚子的外圈装入轴承座二中，将圆锥滚子轴承装入轴承座二中，并将蜗轮蜗杆用透盖固定在轴承座二上。

③在蜗轮轴上安装蜗轮的部分安装相应的键，并将蜗轮装在蜗轮轴上，然后装入用圆螺母固定。

任务评价

理论知识主要通过学生作业形式进行个人评价、小组互评和教师评价。实践操作则通过项目任务，根据学生的完成情况进行评价，见表4-2。

表4-2 任务评价记录表

评价项目	评价内容	分值	个人评价	小组互评	教师评价	得分
理论知识	蜗轮蜗杆机构传动特点	10				
	蜗轮蜗杆机构的安装技术要求	10				
	蜗轮蜗杆机构调整的技术要求	10				
实践操作	圆锥滚子轴承装配	10				
	蜗杆组件装配	10				
	蜗轮组件装配	10				
操作规范	遵守操作规程	10				
	职业素质规范化养成	10				
学习态度	考勤情况	5				
	遵守学习纪律	5				
	团队合作	10				

续表

评价项目	评价内容	分值	个人评价	小组互评	教师评价	得分
	合计	100				
成果分享	收获					
	不足					
	改进措施					

思考与练习

1. 简述蜗轮蜗杆机构的特点及应用场合。
2. 简述蜗杆组件的装配要点。
3. 简述蜗轮组件的装配要点。

任务二　槽轮机构的装配与调整

任务目标

【知识目标】
1. 了解槽轮机构的特点。
2. 掌握槽轮机构的安装技术要求。
3. 掌握槽轮机构的调整技术要求。

【技能目标】
1. 能够独立完成槽轮机构的安装与调整。
2. 能正确使用和维护槽轮机构。

【素养目标】
1. 具有安全文明生产和遵守操作规程的意识。
2. 具有人际交往和团队协作能力。

任务描述

选用适合的工具和量具,对图 4-5 所示槽轮机构进行装配与调整作业,达到相应的技术要求。

图 4-5 槽轮机构

知识储备

槽轮机构的结构由从动槽轮、拨销、主动拨盘组成,如图 4-6 所示,拨销每转动一圈,拨动槽轮转过一个径向槽,如 4 个槽的槽轮,即转过 90°。拨销所在的拨盘与槽轮上都有锁止弧,保证槽轮不会逆转。

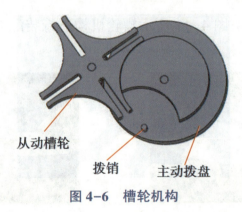

图 4-6 槽轮机构

1. 槽轮机构的分类

槽轮机构按结构特点可分为外接式(如图 4-7 所示)和内接式(如图 4-8 所示)两种。

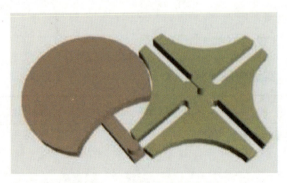

图 4-7 外接式槽轮机构　　　图 4-8 内接式槽轮机构

2. 槽轮机构的特点

①结构简单，外形尺寸小，机械效率高，运动平稳。

②转角不能调节，在转动始、末，加速度变化较大，有冲击力。

③不适用于高速传动，一般用于转速不高、转角不需要调节的自动转位和分度机械中。

3. 槽轮机构的应用

槽轮机构一般应用在转速不高的某些特定的转位或分度装置中。如电影放映机卷片机构（如图4-9所示）、自动车床刀架转位机构（如图4-10所示）等。

图4-9　电影放映机卷片机构

图4-10　自动车床刀架转位机构

任务描述

选用适合的工具和量具，对图4-11所示槽轮机构进行装配与调整作业，达到相应的技术要求。

图4-11　槽轮机构

任务准备

完成该任务需要准备的实训物品如表4-3所示。

表4-3　实训物品清单

序号	实训资源	种类	数量	备注
1	装配操作平台	THMDZT-1型机械装调技术综合实训装置	1套	

序号	实训资源	种类	数量	备注
2	参考资料	《THMDZT-1型机械装调技术综合实训装配图》	1套	
3	工具和量具	游标卡尺	1把	300mm
		内六角扳手	1套	
		橡胶锤	1把	
		圆螺母扳手	各1把	M16、M27圆螺母用
		外用卡簧钳	各1把	直角、弯角
		垫片	若干	
		除锈剂	若干	
		纯铜棒	1根	
		一字形旋具	1把	
4	附具	零件盒	2个	
		防锈油	若干	
		抹布	若干	
		毛刷	1把	

任务实施

装配槽轮拨叉

①用轴承装配套筒将深沟球轴承安装在槽轮轴上，并装上 φ17 轴用弹性挡圈。

②将槽轮轴装入底板中，并把底板轴承盖二固定在底板上。

③在槽轮轴的两端各加入相应的键分别用轴端挡圈、紧定螺钉将四槽轮和法兰盘固定在槽轮轴上。

④用轴承装配套筒将角接触轴承安装到底板的另一轴承装配孔中，并将底板轴承盖一安装到底板上。

任务评价

理论知识主要通过学生作业形式进行个人评价、小组互评和教师评价。实践操作则通过项目任务，根据学生的完成情况进行评价，见表4-4。

表 4-4 任务评价记录表

评价项目	评价内容	分值	个人评价	小组互评	教师评价	得分
理论知识	槽轮机构的结构	10				
	槽轮机构的特点	10				
	槽轮机构的应用	10				
实践操作	槽轮机构的装配	15				
	槽轮机构装配装调精度检查	15				
操作规范	遵守操作规程	10				
	职业素质规范化养成	10				
学习态度	考勤情况	5				
	遵守学习纪律	5				
	团队合作	10				
	合计	100				
成果分享	收获					
	不足					
	改进措施					

思考与练习

1. 简述槽轮机构的结构。
2. 简述槽轮机构的特点及应用场合。
3. 简述槽轮机构的装配要点。

任务三 间歇回转工作台精度的检测与调整

任务目标

【知识目标】
1. 熟练图样和零件清单、装配任务。
2. 能够合理选择工具、量具。
3. 掌握间歇回转工作台的安装与调整技术要点。

【技能目标】
1. 能够独立检查文件和零件的完备情况。
2. 能够综合运用间歇回转工作台的安装与调整知识完成操作。

【素养目标】
1. 具有安全文明生产和遵守操作规程的意识。
2. 具有人际交往和团队协作能力。

任务描述

根据附图4间歇回转工作台装配图，选用合适的工具、量具，进行间歇回转工作台的安装与调整，并达到以下要求。

①工量、具准备，零件清洗、检查。确定装配工艺流程。

②调整蜗杆轴线与蜗轮轮齿对称中心平面共面，误差值≤0.05mm。

③调整蜗杆与蜗轮的啮合间隙，间隙在0.03~0.08mm以内。

④调整检测蜗杆轴的轴向窜动，误差≤0.02mm。

⑤安装调整槽轮轴组，检测调整法兰盘轴向位置，高度低于推力轴承外圈。差值在0.02~0.05mm以内。

⑥调整法兰盘与推力球轴承内圈的同轴度，误差≤0.02mm。

⑦完成分度转盘装配调整，使分度转盘部件运行平稳、灵活。

知识储备

推力球轴承由座圈、轴圈和钢球保持架组件三部分构成，如图 4-12 所示。由于套圈为座垫形，因此，推力球轴承被分为平底座垫型和调心球面坐垫型两种类型。另外，这种轴承可承受轴向载荷，但不能承受径向载荷。

1. 组成

推力球轴承由座圈、轴圈和钢球保持架组件三部分构成。与轴配合的称轴圈，与外壳配合的称座圈。

2. 分类

按受力情况分单向推力球轴承和双向推力球轴承。单向推力球轴承，可承受单向轴向负荷。双向推力球轴承，可承受双向轴向负荷，其中轴圈与轴配合。座圈的安装面呈球面的轴承，具有调心性能，可以减少安装误差的影响。推力球轴承不能承受径向负荷，极限转速较低。

图 4-12　推力球轴承

图 4-13　推力球轴承的装配

3. 装配

对于推力球轴承在装配时，应注意区分紧环和松环，如图 4-13 所示，松环的内孔比紧环的内孔大，故紧环应靠在转动零件的平面上，若装反了将使滚动体丧失作用，同时会加速配合零件间的磨损。推力球轴承的间隙可用圆螺母来调整。推力球轴承只能承受单向力，承受双向力需两个推力球轴承。

任务准备

完成该任务需要准备的实训物品如表 4-5 所示。

表 4-5　实训物品清单

序号	实训资源	种类	数量	备注
1	装配操作平台	THMDZT-1 型机械装调技术综合实训装置	1 套	
2	参考资料	《THMDZT-1 型机械装调技术综合实训装配图》	1 套	

续表

序号	实训资源	种类	数量	备注
3	工具和量具	游标卡尺	1 把	300mm
		高度游标卡尺	1 把	
		深度游标卡尺	1 把	
		杠杆式百分表	1 套	0.8mm，含小磁性表座
		塞尺	1 把	
		内六角扳手	1 套	
		橡胶锤	1 把	
		圆螺母扳手	各1 把	M16、M27 圆螺母用
		外用卡簧钳	各1 把	直角、弯角
		垫片	若干	
		除锈剂	若干	
		纯铜棒	1 根	
		一字形旋具	1 把	
4	附具	零件盒	2 个	
		防锈油	若干	
		抹布	若干	
		毛刷	1 把	

任务实施

间歇回转工作台的装配与调整

分度盘的整体安装与调试

①将分度机构用底板安装在铸铁平台上。
②通过轴承座二将蜗轮部分安装在分度机构用底板上。
③将蜗杆部分安装在分度机构用底板上，通过调整蜗杆的位置，使蜗轮、蜗杆正常啮合。
④将立架安装在分度机构用底板上。
⑤在蜗轮轴先装上圆螺母再在装锁止弧的位置装入相应键，并用圆螺母将锁止弧固定在蜗轮轴上，再装上一个圆螺母上面套上套管。
⑥调节四槽轮的位置，将四槽轮部分安装在支架上，同时使蜗轮轴轴端装入相应位置的轴承孔中，在蜗轮轴端用螺母将蜗轮轴锁紧在深沟球轴承上。
⑦将推力球轴承限位块安装在底板上，并将推力球轴承套在推力球轴承限位块上。
⑧通过法兰盘将料盘固定。
⑨将增速齿轮部分安装在分度机构用底板上，调整增速齿轮部分的位置，使大齿轮和小

齿轮二正常啮合。

⑩将锥齿轮部分安装在铸铁平台上,调节小锥齿轮用底板的位置,使小齿轮一和大齿轮正常啮合。

至此完成整个间歇回转工作台的安装与调整。

任务评价

理论知识主要通过学生作业形式进行个人评价、小组互评和教师评价。实践操作则通过项目任务,根据学生的完成情况进行评价,见表4-6。

表4-6 任务评价记录表

评价项目	评价内容	分值	个人评价	小组互评	教师评价	得分
理论知识	间歇回转工作台的装配要点	10				
	间歇回转工作台技术要求	10				
	间歇回转工作台基本知识	10				
实践操作	蜗轮蜗杆机构装调操作	10				
	法兰盘装调精度的检测	10				
	间歇回转工作台试运行	10				
操作规范	遵守操作规程	10				
	职业素质规范化养成	10				
学习态度	考勤情况	5				
	遵守学习纪律	5				
	团队合作	10				
合计		100				
成果分享	收获					
	不足					
	改进措施					

思考与练习

1. 简述间歇回转工作台的零部件构成。
2. 简述间歇回转工作台的安装工艺及步骤。
3. 简述调整蜗轮对称平面与蜗杆轴线共面的方法及步骤。

模块五
整机调试与运行

机械设备在安装过程中，通常要进行单机调试和联动调试，其目的是验证设备工作的可靠性，但是在实际工作中常常要面对很多意想不到的现象。只有在实际工作中对这些异常现象进行有效的分析和处理，才能使机械设备安装工程正常运行。总实训装置实物图如图5-1所示，其装配图如附图1所示。

图 5-1　总实训装置实物图

任务一　齿轮啮合齿侧间隙的检测与调整

任务目标

【知识目标】
1. 了解齿侧间隙对齿轮传动机构的影响。
2. 掌握齿侧间隙检测和调整的方法。

【技能目标】
1. 能选用合适的方法及量具完成齿侧间隙的检测。
2. 能独立完成齿侧间隙的调整。

【素养目标】
1. 具有安全文明生产和遵守操作规程的意识。
2. 具有人际交往和团队协作能力。

任务描述

选用适合的工具和量具，完成图5-2所示圆锥齿轮传动机构齿侧间隙的检测和调整，达到两锥齿轮的啮合间隙0.03~0.08mm的要求。

图5-2 圆锥齿轮传动机构

齿轮啮合检测方法

知识储备

一、齿侧间隙

齿轮啮合传动时，为了在啮合齿廓之间形成润滑油膜，避免因轮齿摩擦发热膨胀而卡死，齿廓之间必须留有间隙，此间隙称为齿侧间隙（简称侧隙）。

齿侧间隙太小，齿轮传动不灵活，会加剧齿面的磨损程度，甚至会因为齿轮热膨胀或受力变形而卡齿；齿侧间隙过大，则会造成齿轮换向空程大，易于产生冲击振动。

二、齿侧间隙的检测

1. 压铅丝检测法

如图5-3所示，在齿宽两端的齿面上平行放置两条铅丝（齿宽应放置3~4条），其直径不宜超过最小间隙的4倍。使齿轮啮合并挤压铅丝，铅丝被挤压后最薄处的尺寸即为齿侧间隙。

2. 百分表检测法

如图5-4所示，测量时将一个齿轮固定，在另一个齿轮上装上夹紧杆1。由于侧隙的存在，装有夹紧杆的齿轮便可摆动一定角度，从而在百分表2上得到读数C，则此时的齿侧间隙C_n为：

$$C_n = CR/L$$

式中，C——百分表 2 的读数（mm）；

R——装夹紧杆齿轮的分度圆半径（mm）；

L——夹紧杆的长度（mm）。

也可以将百分表直接抵在一个齿轮的齿面上，另一个齿轮固定。将接触百分表的轮齿从一侧啮合迅速转到另一侧啮合，百分表的读数差即为侧隙值。

侧隙与中心距偏差有关，而圆柱齿轮传动的中心距一般由加工保证。由滑动轴承支撑时，可通过精刮轴瓦来调整侧隙。

图 5-3　压铅丝检测齿侧间隙

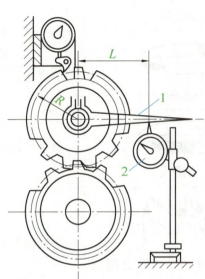

图 5-4　百分表检查齿侧间隙

1—夹紧杆；2—百分表

三、接触精度的检测

衡量接触精度高低的主要指标是接触斑点，检测接触斑点一般用涂色法。将红丹粉涂于大齿轮齿面上，转动齿轮时被动齿轮应轻微制动。对于双向工作的齿轮传动，正、反两个方向都应进行检测。

齿轮上接触斑点面积的大小应该随齿轮精度而定。一般传动齿轮在齿轮的高度上，接触斑点不少于 30%～50%；在齿轮的宽度上不少于 40%～70%，且应自节圆处上下对称分布。

影响齿轮接触精度的主要因素是齿形精度及安装是否正确。当接触斑点位置正确而面积太小时，说明齿形误差太大。此时，应在齿面上加研磨剂并使两齿轮转动进行研磨，以增加接触面积。渐开线圆柱齿轮接触斑点及其调整方法见表 5-1。

表 5-1　渐开线圆柱齿轮接触斑点及调整方法

接触斑点	原因分析	调整方法
正常接触		
同向偏接触	两齿轮轴线不平行	调整两齿轮轴线平行度在公差范围内
异向偏接触	两齿轮轴线歪斜	
单面偏接触	两齿轮轴线不平行，同时歪斜	可在中心距公差范围内，刮削轴瓦或调整轴承座
游离接触，在整个齿圈上接触区由一边逐渐移至另一边	齿端面与回转中心线不垂直	检查并校正齿轮端面与回转中心线的垂直度误差
不规则接触（有时齿面一个点接触，有时在端面边线上接触）	齿面有毛刺或有碰伤隆起	去除毛刺/修整
接触较好，但不规则	齿圈径向跳动太大	检查并消除齿圈的径向跳动误差

任务准备

完成该任务需要准备的实训物品如表 5-2 所示。

表 5-2　实训物品清单

序号	实训资源	种类	数量	备注
1	装配操作平台	THMDZT-1 型机械装调技术综合实训装置	1套	
2	参考资料	《THMDZT-1 型机械装调技术综合实训装配图》	1套	

续表

序号	实训资源	种类	数量	备注
3	工具和量具	游标卡尺	1把	
		杠杆式百分表	1套	0.8mm，含小磁性表座
		大磁性表座	1个	
		内六角扳手	1套	
		橡胶锤	1把	
		纯铜棒	1根	
4	附具	零件盒	2个	
		防锈油	若干	
		抹布	若干	
		毛刷	1把	

任务实施

1. 变速箱与二维工作台传动的安装与调整

①把二维工作台安装在铸件底板上；通过百分表，调整二维工作台丝杠与变速箱的输出轴的平行度。

②通过对调整垫片的调整使变速箱输出和二维工作台输入的两齿轮的齿轮错位不大于齿轮厚度的5%，调整两齿轮的啮合间隙，用轴端挡圈分别固定在相应的轴上。

③旋紧底板螺钉，固定底板。

2. 间歇回转工作台与齿轮减速器

①调节小锥齿轮部分，使得两直齿圆柱齿轮正常啮合，通过加调整垫片（铜片）调整两直齿圆柱齿轮的错位，调整使错位不大于齿轮厚度的5%。

②调节齿轮减速器的位置使得两锥齿轮正常啮合，通过加调整垫片（铜片）的方式来调整两锥齿轮的齿侧间隙。

③旋紧底板螺钉，固定底板。

 **任务评价**

理论知识主要通过学生作业形式进行个人评价、小组互评和教师评价。实践操作则通过项目任务，根据学生的完成情况进行评价，见表 5-3。

表 5-3 任务评价记录表

评价项目	评价内容	分值	个人评价	小组互评	教师评价	得分
理论知识	齿侧间隙的定义	10				
	齿侧间隙对传动精度的影响	10				
	齿侧间隙的测量及调整方法	10				
实践操作	齿侧间歇的检测	10				
	齿侧间隙的调整	10				
	接触精度检测	10				
操作规范	遵守操作规程	10				
	职业素质规范化养成	10				
学习态度	考勤情况	5				
	遵守学习纪律	5				
	团队合作	10				
	合计	100				
成果分享	收获					
	不足					
	改进措施					

 **思考与练习**

1. 简述齿侧间隙的定义。
2. 简述齿侧间隙的检测和调整方法。
3. 简述接触精度的检测和调整方法。

模块五 整机调试与运行　89

　同步带传动机构的检测与调整

 任务目标

【知识目标】
1. 了解带传动的类型和特点。
2. 掌握带传动传动比的计算方法。

【技能目标】
1. 能选用合适的方法及量具完成同步带轮端面共面的检测。
2. 能独立完成同步带轮端面共面的调整。

【素养目标】
1. 具有安全文明生产和遵守操作规程的意识。
2. 具有人际交往和团队协作能力。

 任务描述

选用适合的工具和量具，完成图5-5所示同步带轮端面共面的检测和调整，达到直线度误差≤0.1mm；同步带张紧度在5~10mm的要求。

 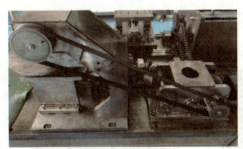

带传动的装配

图5-5　实训平台上的带传动

 知识储备

一、带传动的类型和特点

带传动由主动带轮、传动带和从动带轮组成，如图5-6所示。

1. 带传动的类型

按照传动带的断面形状，带传动可分为平带传动、V 带传动、同步带传动等。

1) 平带传动

如图 5-7 所示，带的断面呈矩形，靠带的内表面与带轮外圆间的摩擦力传递动力。平带已标准化，适用于两轴中心距较大的场合。

2) V 带传动

如图 5-8 所示，带的断面呈倒梯形，靠带的两侧面与带轮的轮槽之间产生的摩擦力来传递动力。在相同的初拉力条件下，V 带传递的功率是平带的 3 倍，因此 V 带应用最广。

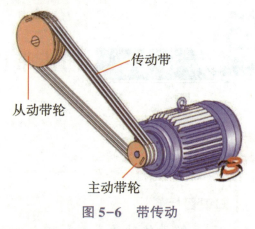

图 5-6 带传动

图 5-7 平带传动　　图 5-8 V 带传动

3) 同步带传动

如图 5-9 所示，带的内表面有梯形或圆形齿，靠带与带轮之间的啮合来传动，也称为齿形带传动。同步带传动主要应用于高速、高精度的中小功率传动中，如 3D 打印机的伺服电动机传动，如图 5-10 所示。

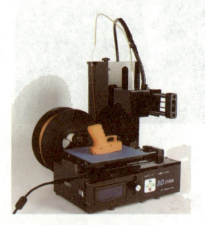

图 5-9 同步带传动　　图 5-10 3D 打印机

2. 带传动的特点

①传动带有弹性，能缓冲、吸振，传动较平稳，噪声小。

②摩擦带传动在过载时带在带轮上的打滑，可防止损坏其他零件，起安全保护作用，但不能保证传动比的准确。

③ 结构简单，制造成本低，适用于两轴中心距较大的传动。

④ 传动效率低，外廓尺寸大，对轴和轴承压力大，寿命短，不适合高温易燃场合。

二、带传动的工作过程和传动比

带传动工作时靠带与带轮之间产生的摩擦力或啮合作用来传递运动和动力。

在带传动中，主动带轮转速与从动带轮转速之比称为带传动的传动比，其表达式为：

$$i = \frac{n_1}{n_2} = \frac{d_2}{d_1}$$

式中，n_1、n_2——主、从动带轮的转速，r/min；

d_1、d_2——主、从动带轮的直径，mm。

通常带传动的单级传动比≤5。

三、带传动的张紧

运转一定时间后，带会松弛，为了保证带传动的能力，必须重新张紧才能正常工作。张紧的方法如下。

1. 调整中心距法

1）定期张紧（定期调整中心）

采用定期改变带轮中心距的方法来调节带的预紧力，使带重新张紧。

2）自动张紧（靠自重）

将装有带轮的电动机安装在浮动的摆架上，如图5-11所示，利用电动机的自重，使带轮随同电动机绕固定轴摆动，以自动保持张紧力。

2. 使用张紧轮

它是利用平衡重锤使张紧轮张紧平带的，如图5-12所示。平带传动时，张紧轮应安放在平带松边的外侧，并要靠近小带轮处。为了增大带轮包角，张紧轮要靠近小带轮处。

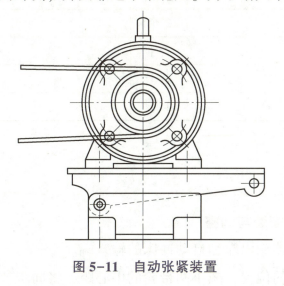

图5-11 自动张紧装置

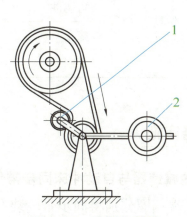

图5-12 张紧力装置

1—张紧轮；2—平衡重锤

四、带传动的使用和维护

正确的安装、调整、使用和维护是保证带传动正常工作和延长寿命的有效措施。

①安装带轮时，两带轮轴轴线应相互平行，主动轮和从动轮槽必须调整在同一平面内。

②带的张紧程度调整适当，一般可根据经验来调整，如在中等中心距的情况下，带的张紧程度以大拇指能按下 15mm 左右为合适。

③套装带时不得强行撬入，应先将中心距缩小，将带套在带轮轮槽上后，再慢慢调大中心距，使带张紧。

任务准备

完成该任务需要准备的实训物品如表 5-4 所示。

表 5-4 实训物品清单

序号	实训资源	种类	数量	备注
1	装配操作平台	THMDZT-1 型机械装调技术综合实训装置	1 套	
2	参考资料	《THMDZT-1 型机械装调技术综合实训装配图》	1 套	
3	工具和量具	游标卡尺	1 把	
		钢板尺	1 把	1000mm
		内六角扳手	1 套	
		橡胶锤	1 把	
		纯铜棒	1 根	
4	附具	零件盒	2 个	
		防锈油	若干	
		抹布	若干	
		毛刷	1 把	

任务实施

1. 齿轮减速器与自动冲床同步带传动的安装与调整

①用轴端挡圈分别将同步带轮装在减速器输出端和自动冲床的输入端。

②通过自动冲床上的腰形孔调节压力机的位置，减小两带轮的中心距，将同步带装上。

③调节自动冲床的位置，将同步带张紧，用 1m 的钢直尺进行测量，通过调整垫片调整两

同步带端面共面。

④旋紧底板螺钉，固定底板。

2. 电动机与变速箱同步带传动的安装与调整

①将同步带轮一固定在电动机输出轴上。

②用轴端挡圈将同步带轮三固定在变速箱的输入轴上。

③调节同步带轮一在电动机输出轴上位置，将同步带轮一和同步带轮三调整到同一平面上。

④通过电动机底座上的腰形孔调节电动机的位置，减小两带轮的中心距，将同步带装在带轮上。

⑤调节电动机的前后位置，将同步带张紧，完成电动机与变速箱带传动的安装与调整。

⑥旋紧底板螺钉，固定底板。

任务评价

理论知识主要通过学生作业形式进行个人评价、小组互评和教师评价。实践操作则通过项目任务，根据学生的完成情况进行评价，见表5-5。

表5-5 任务评价记录表

评价项目	评价内容	分值	个人评价	小组互评	教师评价	得分
理论知识	带传动的类型和特点	10				
	带传动传动比的计算	10				
实践操作	带轮端面共面的检测	15				
	带轮端面共面的调整	15				
	同步带张紧度的检测和调整	10				
操作规范	遵守操作规程	10				
	职业素质规范化养成	10				
学习态度	考勤情况	5				
	遵守学习纪律	5				
	团队合作	10				
	合计	100				
成果分享	收获					
	不足					
	改进措施					

思考与练习

1. 简述带传动的特点和类型。
2. 简述带传动传动比的计算方法。
3. 简述带轮端面共面的检测和调整方法。

知识拓展

一、认识三坐标测量机中的同步带传动

同步带传动的结构和皮带传动近似，但因为有齿，属于啮合传动。同步带中间穿有钢丝，大大改善了同步带的刚性，外覆盖的橡胶又与钢丝互为阻尼，防止了单一的自振频率。安装时，同步带应平行于相应的导轨，与运动件的连接不影响带的横向变形，结构如图 5-13 所示。

同步带传动的优点：结构简单、不易打滑、噪声低、成本不算太高。

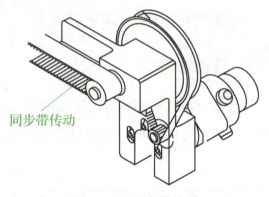

图 5-13 同步带传动

同步带传动的缺点：长度不能太长，因此适用于中小型测量机。

二、认识三坐标测量机中的摩擦传动

摩擦传动具有无间隙、低成本等优点，但正压力过大及位置不当会造成传动件的变形和磨损。摩擦传动主要包括固定钢带传动、固定杆传动、直接摩擦传动和斜轮传动等。

1. 固定钢带传动

在固定钢带传动的结构中钢带不动，两端张紧。在钢带两侧，一侧是由电动机减速器带动的主动摩擦轮，另一侧是被动的夹紧轮，电动机和摩擦轮均装在运动部件上，运动时像火车在导轨上运动一样。固定钢带可以略厚，但钢带厚薄要均匀平直，安装时钢带要与相应的导轨平行。固定钢带传动如图 5-14 所示。

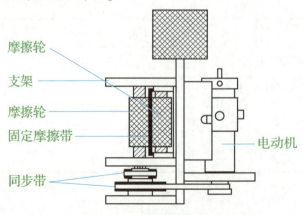

图 5-14 固定钢带传动

固定钢带传动的优点：结构简单，刚性比转动钢带的结构要好，无钢带疲劳问题，适于中速轻载。

固定钢带传动的缺点：由于为线接触，要较大的正压力才能有较大的摩擦力，对摩擦轮的圆跳动公差、耐磨性、摩擦系数均有较高要求；电动机及摩擦轮的温度会影响导轨精度，进而影响测量机的精度；电动机、减速器及摩擦轮均为运动部件，这部分的质量会降低测量机的动态性能。

2. 固定杆传动

在固定杆传动的结构中，摩擦轮直接与杆接触。在杆两侧，一侧是电动机减速器带动的主动摩擦轮，另一侧是被动的夹紧轮，杆的横截面可以是圆形或方形，若为圆截面的摩擦杆，则主动摩擦轮往往作成 V 形。固定杆传动如图 5-15 所示。

图 5-15　固定杆传动

固定杆传动要求杆要有好的圆柱度及平直度，还要求表面的硬度及耐磨性，杆与轮的硬度应匹配，杆应保持与相应的导轨平行，摩擦轮要有足够的夹紧力，但又不应让杆受较大的横向变形，以免影响精度。对摩擦轮的圆跳动公差、耐磨性、高摩擦系数均有要求。摩擦轮轴线应与运动方向垂直，又要与杆表面平行，否则会引起相应轴向的附加角度转动，影响精度。

固定杆传动的优点：结构简单，刚性比钢带的结构要好，无钢带疲劳问题，调整要求较高，适于中速轻载。

固定杆传动的缺点：摩擦杆的圆柱度及平直度、安装、磨损均影响测量机精度，因此对杆提出了较高的质量要求。电动机及摩擦轮的温度会影响导轨精度，进而影响测量机的精度，此类结构只适用于中小型测量机。

3. 直接摩擦传动

在直接摩擦传动的结构中，摩擦轮直接与 Z 轴或水平臂接触。在 Z 轴或水平臂两侧，一侧是电动机减速器带动的主动摩擦轮；另一侧是被动的夹紧轮。电动机及摩擦轮均装在固定部件上，运动时摩擦轮转动带动 Z 轴或水平臂运动。结构如图 5-16 所示。

图 5-16　直接摩擦传动

直接摩擦传动的优点：结构简单，刚性比转动钢带的结构要好，无钢带疲劳问题，但对摩擦轮的跳动、耐磨、摩擦系数均有要求，调整要求较高，适于中速轻载。

直接摩擦传动的缺点：摩擦轮的质量、安装、磨损均影响测量机精度；电动机及摩擦轮的温度会影响导轨精度，进而影响测量机的精度；Z 轴或水平臂的质量、安装、磨损也会影响测量机精度；因此对 Z 轴或水平臂提出了耐磨的要求。

4. 斜轮传动

在斜轮传动（转动杆传动）结构中，两个截面的每一个截面上各有三个沿圆周均布成一定角度的轴承，中心穿一圆杆，各轴承对圆杆均有相同的升角。轴承与圆杆形成了一个无槽滚珠丝杠，轴承的升角决定了螺距，传动时主动件为圆杆，它由电动机直接带动传动或通过减速器带动转动，结构如图 5-17 所示。

图 5-17　斜轮传动

斜轮传动的特点：杆的跳动及与导轨的平行度会影响传动，各个轴承升角必须一致，否则会影响传动的均匀性。

斜轮传动的优点：结构简单，改变轴承的升角等于改变了传动比，有的情况下可以省去减速器。

斜轮传动的缺点：由于杆转动速度不能太高，杆也不能太长，因此只适用于小型低速测量机。

任务三 链传动机构的检测与调整

任务目标

【知识目标】
1. 了解链传动的类型和特点。
2. 掌握链传动传动比的计算方法。

【技能目标】
1. 能选用合适的方法及量具完成链轮端面共面的检测。
2. 能独立完成链轮端面共面的调整。

【素养目标】
1. 具有安全文明生产和遵守操作规程的意识。
2. 具有人际交往和团队协作能力。

任务描述

选用适合的工具和量具，完成图 5-18 所示链轮端面共面的检测和调整，达到共面误差≤0.1mm；链条安装方向正确、松紧适中的要求。

图 5-18 实训平台上的链传动

链传动的装配

知识储备

一、链传动的类型和特点

链传动由主动链轮、链条和从动链轮组成,如图 5-19 所示,链轮具有特定的齿形,链条套装在主动链轮和从动链轮上。

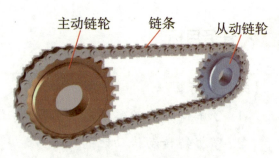

图 5-19　链传动

1. 链传动的类型

链传动适用于潮湿、高温、有油气、多灰尘等环境恶劣的场合,广泛应用于矿山、建筑、化工、交通运输等行业中。按用途不同可分为以下三类。

1)起重链

主要用于各种起重机械中,如图 5-20 所示。如港口用的集装箱起重机械和叉车提升装置。

2)牵引链

主要用于运输机械中的牵引输送带,如图 5-21 所示。如矿山用的各种牵引输送机等。

图 5-20　起重链　　　　　　图 5-21　牵引链

3)传动链

常用于机械传动中传递运动和动力。如自行车、摩托车等传动。

传动链是应用最广泛的一种链传动类型,根据链条的结构不同可分为滚子链和齿形链。如图 5-22 所示。

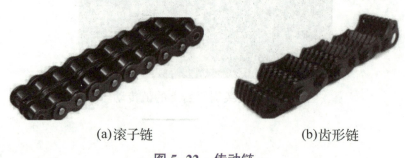

(a)滚子链　　　　　　(b)齿形链

图 5-22　传动链

2. 链传动的特点

①没有弹性滑动和打滑现象，平均传动比准确。

②承载能力大，能在高温、潮湿、污染等恶劣条件下工作。

③传动的平稳性差，有噪声，容易脱链。

二、链传动的工作过程和传动比

链传动工作时，通过链条的链节与链轮轮齿的啮合来传递运动和动力。

在链传动中，主动链轮转速与从动链轮转速之比称为链传动的传动比，其表达式为：

$$i = \frac{n_1}{n_2} = \frac{z_2}{z_1}$$

式中，n_1、n_2——主、从动链轮的转速，r/min；

z_1、z_2——主、从动链轮的齿数。

三、链传动的安装与维护

①安装链传动时，两链轮轴线必须平行，并且两链轮旋转平面应位于同一平面内，否则会引起脱链和不正常的磨损。

②为了防止链传动链轮松边垂度过大引起啮合不良和抖动现象，应采取张紧措施。张紧方法：当中心距可调时，可增大中心距，一般把两链轮中的一个链轮安装在滑板上，以调整中心距；当中心距不可调时，可去掉两个链节，或采用张紧轮张紧，张紧轮应放在链轮松边外侧靠近小轮的位置上。

③良好的润滑可减轻磨损、缓和冲击和振动，延长链传动的使用寿命。采用的润滑油要有较大的运动黏度和良好的油性。对于不便使用润滑油的场合，可用润滑脂，但应定期涂抹，定期清洗链轮和链条。

④在链传动的使用过程中，应定期检查润滑情况及链条的磨损情况。

⑤为防止链轮转动时链条脱扣，安装链条时，必须使链条的卡扣开口方向与链条的运动方向相反。

任务准备

完成该任务需要准备的实训物品如表5-6所示。

表 5-6　实训物品清单

序号	实训资源	种类	数量	备注
1	装配操作平台	THMDZT-1型机械装调技术综合实训装置	1套	
2	参考资料	《THMDZT-1型机械装调技术综合实训装配图》	1套	
3	工具和量具	游标卡尺	1把	
		钢直尺	1把	30mm
		内六角扳手	1套	
		橡胶锤	1把	
		纯铜棒	1根	
4	附具	零件盒	2个	
		防锈油	若干	
		抹布	若干	
		毛刷	1把	

任务实施

变速箱与小锥齿轮部分链传动的安装

①用钢直尺，通过对调整垫片的调整，使两链轮的端面共面；然后用轴端挡圈将两链轮固定在相应的轴上。

②用截链器将链条裁到合适的长度。

③移动小锥齿轮底板的前后位置，减小两链轮的中心距，将链条安装好；移动小锥齿轮底板的前后位置，调整链条的张紧程度。

任务评价

理论知识主要通过学生作业形式进行个人评价、小组互评和教师评价。实践操作则通过项目任务，根据学生的完成情况进行评价，见表5-7。

表 5-7　任务评价记录表

评价项目	评价内容	分值	个人评价	小组互评	教师评价	得分
理论知识	链传动的类型和特点	10				
	链传动传动比的计算	10				

续表

评价项目	评价内容	分值	个人评价	小组互评	教师评价	得分
实践操作	链轮端面共面的检测	15				
	链轮端面共面的调整	15				
	链条张紧度及安装方向正确	10				
操作规范	遵守操作规程	10				
	职业素质规范化养成	10				
学习态度	考勤情况	5				
	遵守学习纪律	5				
	团队合作	10				
	合计	100				
成果分享	收获					
	不足					
	改进措施					

思考与练习

1. 简述链传动的特点和类型。
2. 简述链传动传动比的计算方法。
3. 简述链轮端面共面的检测和调整方法。

任务四 整机运行检测

任务目标

【知识目标】
1. 通过系统装配总图,清楚每个模块之间的装配关系。
2. 理解图纸中的技术要求。
3. 掌握系统运行与调整的方法。

【技能目标】
1. 能够根据机械系统运行的技术要求，确定装配工艺顺序。
2. 能够判断、分析及处理系统运行与调整过程中的常见故障。

【素养目标】
1. 具有安全文明生产和遵守操作规程的意识。
2. 具有人际交往和团队协作能力。

任务描述

选用适合的工具和量具，完成图5-23所示THMDZT-1型机械装调实训平台的整机运行检测，达到如下要求。

机械传动的安装与调试

机械系统的运行与调试

图5-23　THMDZT-1型机械装调实训平台

①调速旋钮位于"4"处。
②变速箱挡位处于正转中速位置。
③传动机构运行灵活、平稳，无卡死现象。
④二维工作台中滑块不能滑出直线导轨。
⑤冲头冲压时刻与料盘状态对应。

任务准备

完成该任务需要准备的实训物品如表5-8所示。

表5-8　实训物品清单

序号	实训资源	种类	数量	备注
1	装配操作平台	THMDZT-1型机械装调技术综合实训装置	1套	

续表

序号	实训资源	种类	数量	备注
2	参考资料	《THMDZT-1型机械装调技术综合实训装配图》	1套	
3	工具和量具	游标卡尺	1把	
		钢板尺	1把	30mm
		内六角扳手	1套	
		橡胶锤	1把	
		纯铜棒	1根	
		万用表	1个	
4	附具	零件盒	2个	
		防锈油	若干	
		抹布	若干	
		毛刷	1把	

任务实施

一、通电前准备

1. 检查同步带、链条是否安装正确

确认在手动状态下机械部件能够运行，各个部件运转正常，并将二维工作台运行到中间位置。

2. 检查面板上"2A"保险丝是否安装好

保险丝座内的保险丝是否和面板上标注的规格相同，如不同则需更换保险丝；用万用表（自备）测量保险丝是否完好，检查完毕后装好保险丝，旋紧保险丝帽。电源控制面板如图5-24所示。

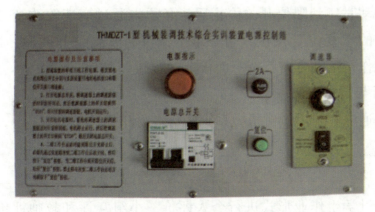

图 5-24　电源控制面板

3. 连接导线

用带三芯蓝插头的电源线接通控制屏的电源，将带三芯开尔文插头的限位开关连接线接入"限位开关接口"上，旋紧连接螺母，保证连接可靠；并且将带五芯开尔文插头的电动机电源线接入"电动机接口"上，旋紧连接螺母，保证连接可靠。电源控制接口如图5-25所示。

图 5-25　电源控制接口

二、通电检验

1. 通电

打开"电源总开关"，此时"电源指示"红灯亮，并且"调速器"的"power"指示灯也同时点亮。此时通电完毕。

注：在接上述三个接线插头时，请注意插头的小缺口方向要与插座凸出部分对应。

2. 调速

将"调速器"的小黑开关打在"RUN"的状态，顺时针旋转调速旋钮，电动机转速逐渐增加。调到一定转速时，观察机械系统运行情况。

3. 电源操作及注意事项

①接通装置的单相三线工作电源，将交流电动机和限位开关分别与实训装置引出的电动机接口和限位开关接口相连接。

②打开电源总开关，将调速器上的调速旋钮逆时针旋转到底，然后把调速器上的开关切换到"RUN"，顺时针旋转调速旋钮，电动机开始运行。

③关闭电动机电源时，首先将调速器上的调速旋钮逆时针旋转到底，电动机停止运行，然后把调速器上的开关切换到"STOP"，最后关闭电源总开关。

④二维工作台运动时碰到限位开关停止后，必须先通过变速箱改变二维工作台的运动方向，然后按下面板上的"复位"按钮，当二维工作台离开限位开关后，松开"复位"按钮。禁止没有改变二维工作台运动方向就按下面板上"复位"按钮。

4. 机械系统运行与调试

电气系统接入并通电完毕后，对机械系统运行进行相关调整。

 **任务评价**

理论知识主要通过学生作业形式进行个人评价、小组互评和教师评价。实践操作则通过

项目任务，根据学生的完成情况进行评价，见表5-9。

表5-9 任务评价记录表

评价项目	评价内容	分值	个人评价	小组互评	教师评价	得分
理论知识	模块间的装配关系	10				
	图纸中的技术要求	10				
	系统运行与调整的方法	10				
实践操作	根据机械系统运行的技术要求，确定装配工艺顺序	15				
	判断、分析及处理系统运行与调整过程中的常见故障	15				
操作规范	遵守操作规程	10				
	职业素质规范化养成	10				
学习态度	考勤情况	5				
	遵守学习纪律	5				
	团队合作	10				
	合计	100				
成果分享	收获					
	不足					
	改进措施					

思考与练习

1. 根据系统装配总图，简述每个模块之间的装配关系。
2. 简述系统运行与调整的方法。
3. 简述系统运行与调整过程中常见故障的处理方法。

模块六 认识三坐标测量机

三坐标测量机三轴均有气源制动开关及微动装置，同时采用高性能数据采集系统，可实现单轴的精密传动，如图6-1所示。应用于产品设计、模具装备、齿轮测量、叶片测量机械制造、工装夹具、汽模配件、电子电器等精密测量的行业。

图 6-1 三坐标测量机

 任务目标

【知识目标】
1. 了解三坐标测量机的定义及组成。
2. 掌握三坐标测量机的结构形式及其工作环境要求。
3. 掌握三坐标测量机的结构材料。

【素养目标】
1. 具有安全文明生产和遵守操作规程的意识。
2. 具有人际交往和团队协作能力。

知识储备

一、三坐标测量机的定义及组成

1. 三坐标测量机的定义

三坐标测量机是指通过运转探测系统测量工件表面空间坐标的测量系统。

2. 三坐标测量机的组成

三坐标测量机由测量机主机、控制系统、测头测座系统、计算机（测量软件）四部分组成，如图6-2所示。

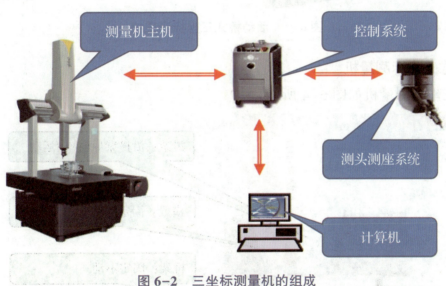

图6-2 三坐标测量机的组成

二、三坐标测量机的结构形式

三坐标测量机的主要结构形式有活动桥式、固定桥式、龙门式、L形桥式、立柱式、水平臂式、关节臂式等。

1. 活动桥式三坐标测量机

活动桥式三坐标测量机如图6-3所示。

优点：开敞性好，承载能力较强，工件质量对测量机的动态性能没有影响；基本不需要专门的地基，受地基影响小。

缺点：因为桥架单边驱动，Y向光栅尺在工作台一侧，如果X向行程较大，会引起较大的阿贝误差，所以精度中等，适用于中小尺寸机器。

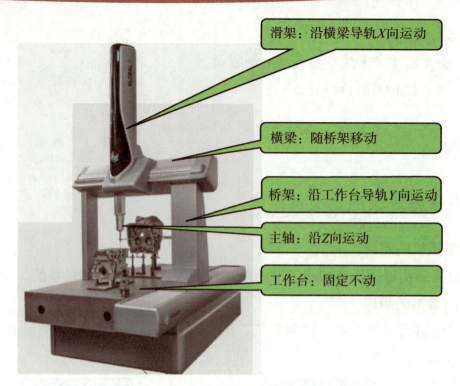

图 6-3 活动桥式三坐标测量机

2. 固定桥式三坐标测量机

固定桥式三坐标测量机如图 6-4 所示。

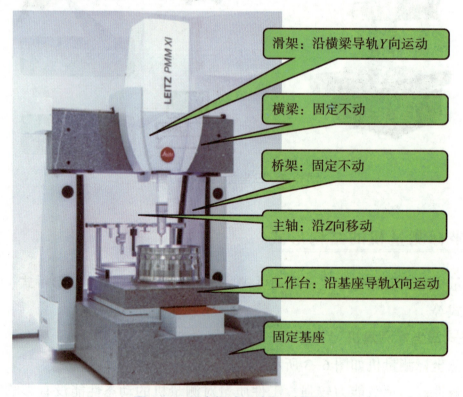

图 6-4 固定桥式三坐标测量机

优点：X 向光栅尺和传动机构设置在工作台下方中部，Y 向阿贝臂小，所以精度很高，稳定性好。

缺点：被测工件放置在运动工作台上，承载能力相对较小。Y向固定工作台的长度至少是定台的两倍以上，占地面积大。

3. L形桥式三坐标测量机

L形桥式三坐标测量机如图6-5所示。

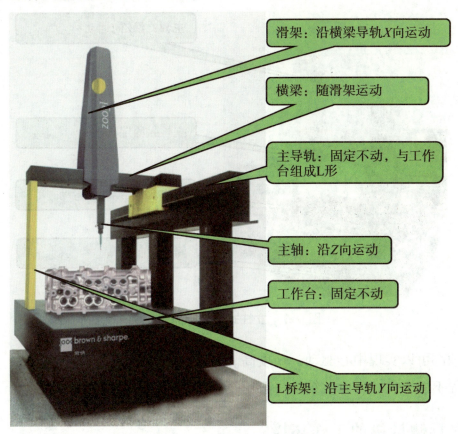

图6-5　L形桥式三坐标测量机

优点：有活动桥式的平台及工作开敞性，又像龙门式减少了移动的质量。

缺点：要注意辅腿的热膨胀设计，应与主腿相近，以免影响垂直度。

4. 龙门式三坐标测量机

龙门式三坐标测量机如图6-6所示。

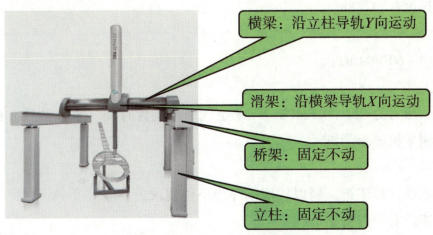

图6-6　龙门式三坐标测量机

优点：减少了移动部件的质量，有利于精度及动态性能的提高。

缺点：结构复杂，要求具备较好的地基。

5. 立柱式三坐标测量机

立柱式三坐标测量机如图6-7所示。

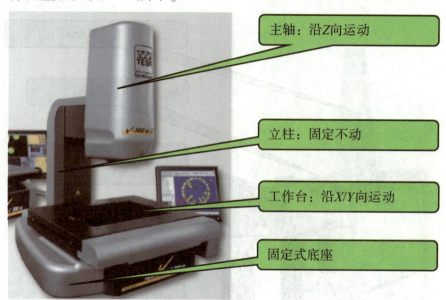

主轴：沿Z向运动

立柱：固定不动

工作台：沿X/Y向运动

固定式底座

图6-7　立柱式三坐标测量机

优点：三轴都可以实现中心驱动，精度高。

缺点：行程不能太大，所以此结构一般用于小型测量机和影像测量仪。

三、三坐标测量机的工作环境

三坐标测量机属于长度计量的设备，需要一定的环境要求。

1. 环境温度

环境温度：20℃±2℃。

温度的空间梯度：1℃/m³。

温度的时间梯度：2℃/8h。

2. 环境湿度

一般要求40%~60%为最好。

3. 压缩空气

压缩空气输入压力为0.4~0.6MPa。压缩空气中不能含有油、水、杂质。如果所使用的测量机有要求，以测量机要求为准。

4. 震动

由于震动的测试比较困难，所以按周围环境条件要求。

①厂房周围不应有干线公路。

②厂房内不应有与测量机同时工作的吊车。

③厂房内和周围不应有冲床或大型压力机等震动比较大的设备。

④测量机不应安装在楼上。

如果以上①~③的条件不满足时，需要准备专用地基或采用减震器等防震措施。

5. 电源

除使用机型特殊要求，一般三坐标测量机使用电源为220±10V、50Hz，要求有稳压装置或UPS电源。

6. 单独接地线

要求有单独接地线，接地电阻≤5Ω，要求周围没有强电磁干扰。

四、三坐标测量机的结构材料

三坐标测量机要能够在长期工作情况下保持稳定的精度和性能，就要求各部件的材料具有良好的性能。这些要求主要包括以下几个方面。

①导热性好，以免外界有温度变化（随时间及随空间变化）时形成构件内部的温度梯度，引起变形（主要是扭曲和弯曲）。

②热膨胀系数小，以免温度变化引起过大的伸长缩短。

③比较大的弹性模量（刚性），以免受力后有较大的变形。

④高的硬度及耐磨性，保证不易划伤、磨损。

⑤较高的强度，不易断裂。

⑥运动部分的材料要求比重小，以减小由于测量机的高速、高加速运动而产生的测量机惯性力，它对精度的影响日显重要。

⑦材料吸水率小，以免受潮变形（较差的花岗石的吸水性能，足以引起微米级的变形）。

⑧工艺性好，易于加工。

⑨成本要低。

由于没有一种材料能全部满足这些要求，就需要进行合理的结构设计。对测量机的固定部分要求：刚性好、受温度影响的变形小（希望结构的变形只是线性，以易于软件补偿）、结构简单、成本低。因此，中小型桥式测量机的固定部分，特别是工作台大部件一般采用花岗石。大型龙门式测量机、水平臂测量机的固定部分多采用钢、铸铁。

测量机运动部分的材料主要有铝合金、陶瓷及其复合材料、钢、铸铁、花岗石等。其中铝合金用途最广，因为铝合金具有良好的传导性能，结合涂层技术，可消除由于温度分布不均匀所产生的大部分误差；铝合金线性的膨胀和收缩，保证了机器的垂直度。铝合金在高速情况下不产生歪斜并对受热弯曲有最佳的抵抗力，比花岗石好10倍，比陶瓷好5倍，比钢好18倍。

任务评价

理论知识主要通过学生作业形式进行个人评价、小组互评和教师评价，见表6-1。

表 6-1 任务评价记录表

评价项目	评价内容	分值	个人评价	小组互评	教师评价	得分
理论知识	三坐标测量机的定义及组成	20				
	三坐标测量机的结构形式及其工作环境要求	20				
	三坐标测量机的结构材料	20				
操作规范	遵守操作规程	10				
	职业素质规范化养成	10				
学习态度	考勤情况	5				
	遵守学习纪律	5				
	团队合作	10				
	合计	100				
成果分享	收获					
	不足					
	改进措施					

思考与练习

1. 简述三坐标测量机的定义及组成。
2. 简述三坐标测量机的结构形式。
3. 简述三坐标测量机的结构材料。

参考文献

[1] 栾学钢,韩芸芳. 机械设计基础[M]. 3版. 北京:高等教育出版社,2015.
[2] 杨福军,杜德昌. 钳工加工技术与技能[M]. 北京:高等教育出版社,2015.
[3] 冯斌. 钳工技术基础与实训[M]. 北京:机械工业出版社,2016.
[4] 汪荣青. 机械装调技术与实训[M]. 北京:中国铁道出版社,2012.
[5] 夏宇平,徐刚. 机械设备装调技术基础[M]. 北京:清华大学出版社,2014.
[6] 李文渊. 机械常识与钳工实训[M]. 北京:机械工业出版社,2012.
[7] 徐兵. 机械装配技术[M]. 3版. 北京:中国轻工业出版社,2020.

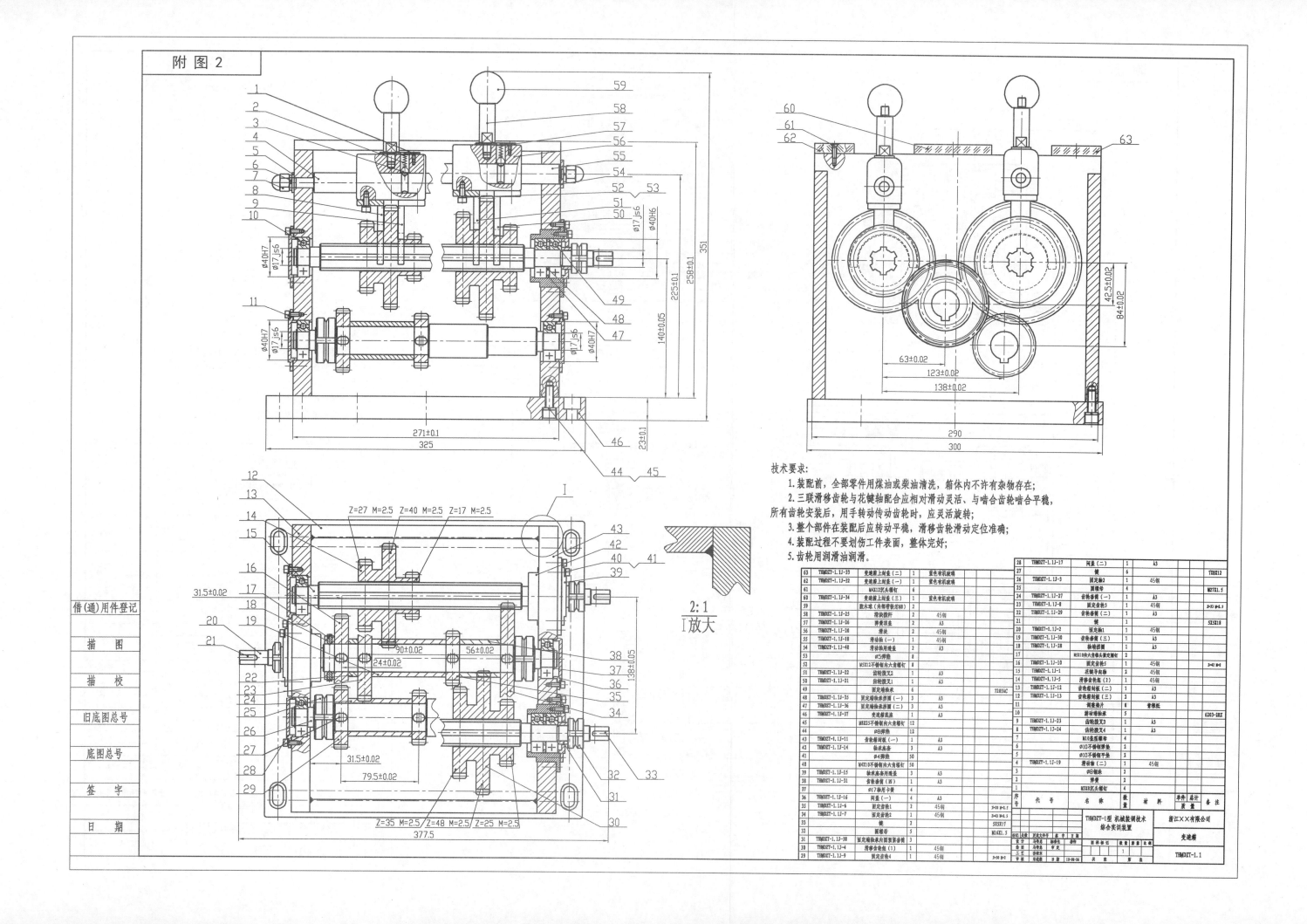

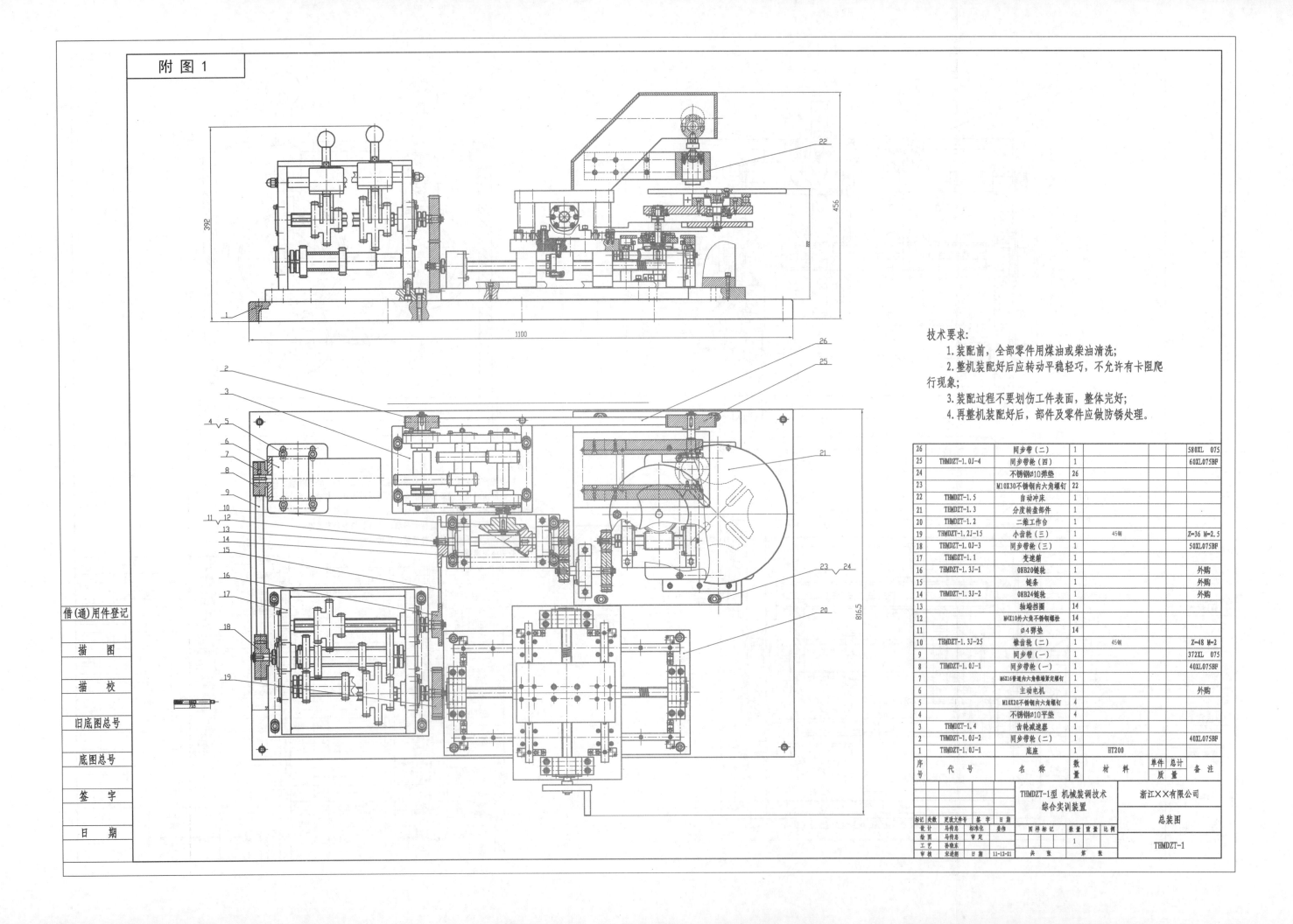

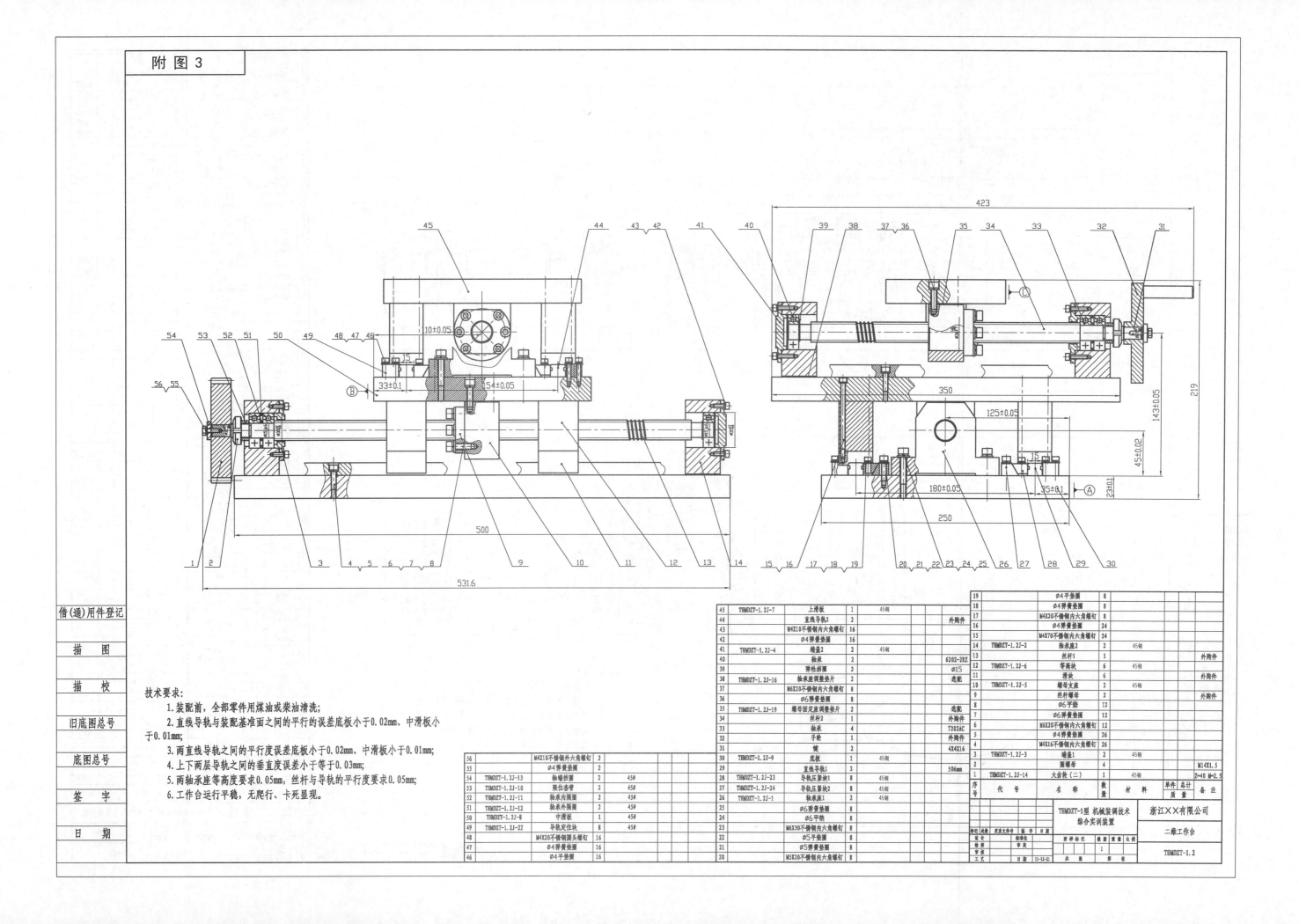

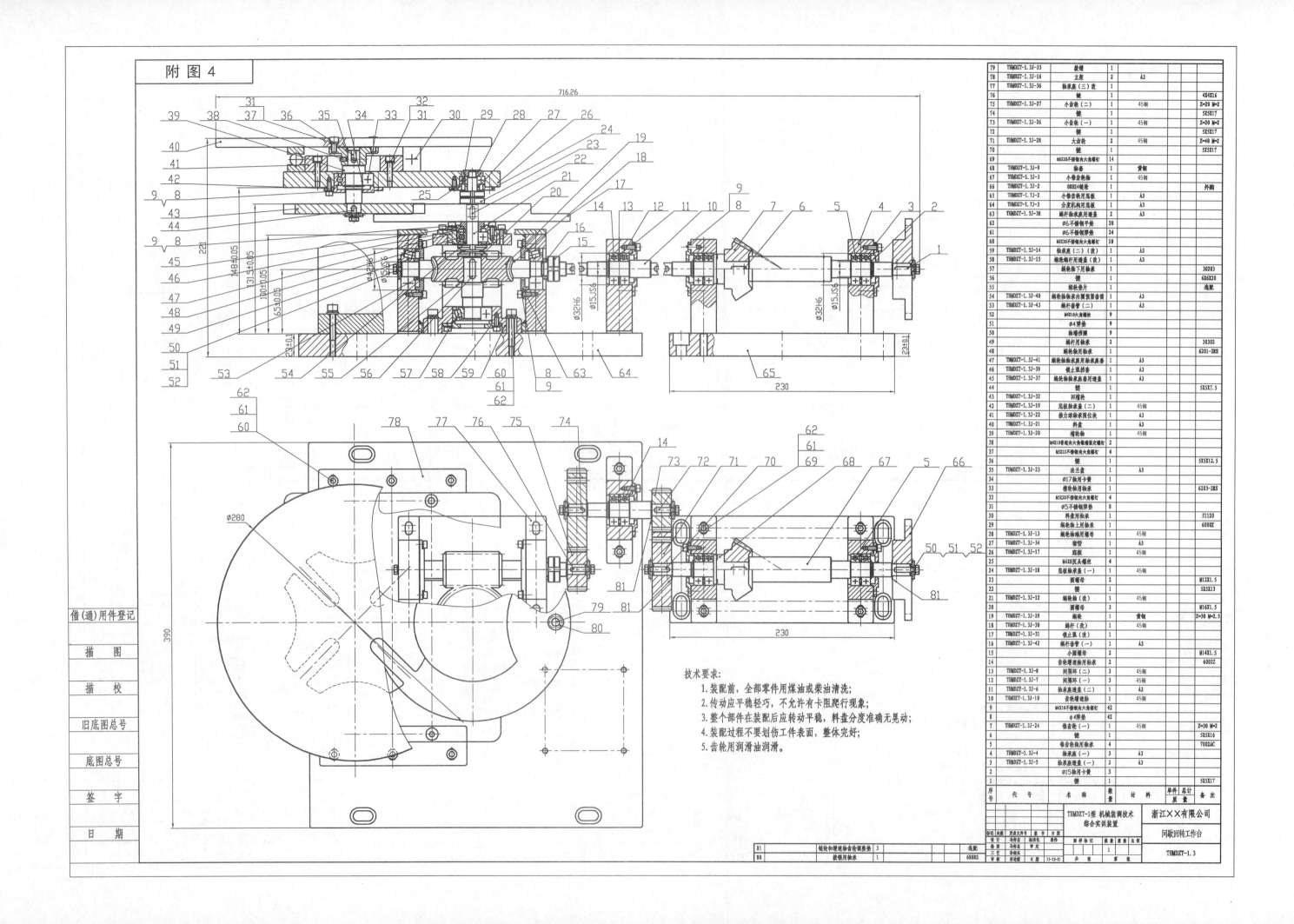

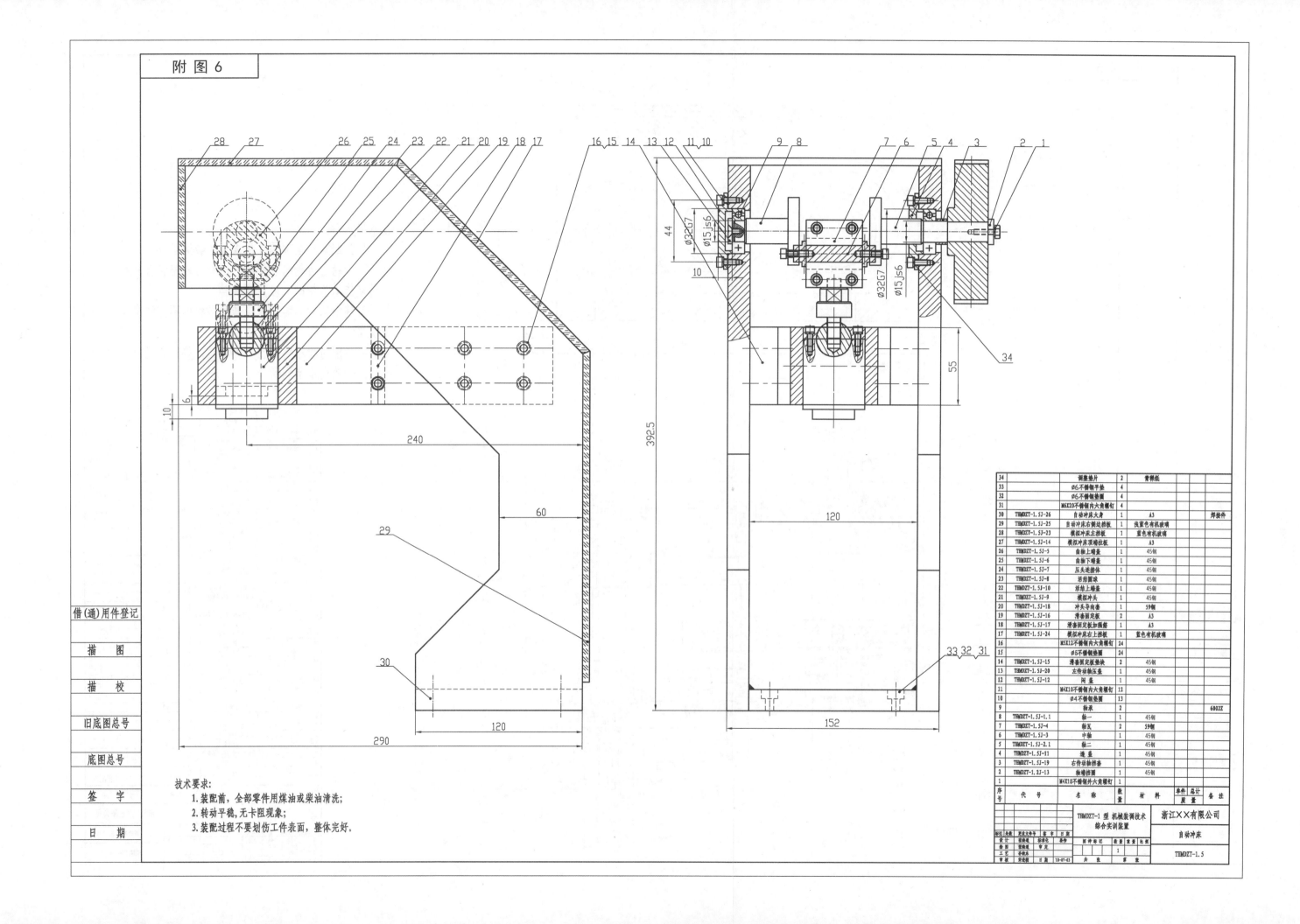

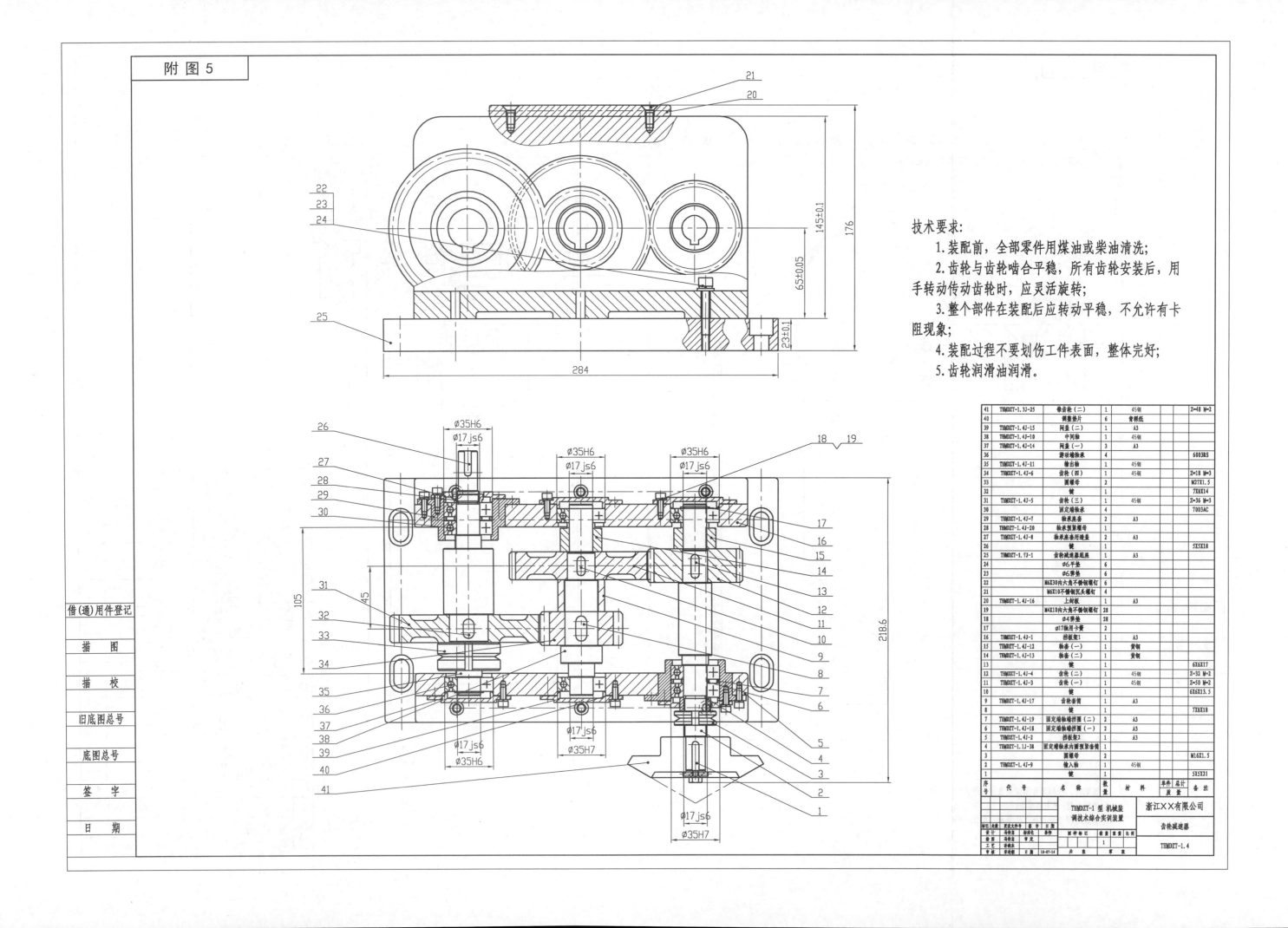